技工院校"十四五"工学一体化教材

数控机床装配与维修

舒 勇 杨君锋 主编

中国水利水电出版社
www.waterpub.com.cn
·北京·

内 容 提 要

本教材采用任务教学的方式进行编写，通过 8 个具体任务，将数控机床装配与维修融为一体，突出解决问题能力的培养。主要内容包括数控机床基础知识、数控系统基本操作训练、数控系统的备份与还原、数控机床参数设定、数控系统的硬件连接、FANUC Oi 数控机床电气线路连接训练、数控机床部件安装与调试、数控机床故障诊断与维修等。

本教材可作为中高职院校机械及相关专业教材，也可作为从事数控机床装配与维修等相关工作人员的参考用书。

图书在版编目（CIP）数据

数控机床装配与维修 / 舒勇，杨君锋主编. -- 北京：
中国水利水电出版社，2024. 8. -- ISBN 978-7-5226
-2670-3

Ⅰ. TG659

中国国家版本馆CIP数据核字第2024W8D159号

书　　名	技工院校"十四五"工学一体化教材 **数控机床装配与维修** SHUKONG JICHUANG ZHUANGPEI YU WEIXIU
作　　者	舒　勇　杨君锋　主编
出版发行	中国水利水电出版社 （北京市海淀区玉渊潭南路 1 号 D 座　100038） 网址：www. waterpub. com. cn E - mail：sales@ mwr. gov. cn 电话：（010）68545888（营销中心）
经　　售	北京科水图书销售有限公司 电话：（010）68545874、63202643 全国各地新华书店和相关出版物销售网点
排　　版	中国水利水电出版社微机排版中心
印　　刷	北京印匠彩色印刷有限公司
规　　格	184mm×260mm　16 开本　12.25 印张　298 千字
版　　次	2024 年 8 月第 1 版　2024 年 8 月第 1 次印刷
印　　数	0001—1000 册
定　　价	**59.00 元**

前　言

　　党的二十大报告中强调，我们要坚持教育优先发展，加快建设教育强国、科技强国、人才强国，坚持为党育人、为国育才。为了更好地适应技工院校工学一体化教学的要求，全面提升教学质量，在充分调研企业生产和学校教学情况、广泛听取教师使用反馈意见的基础上，吸收和借鉴各地技工院校教学改革的成功经验，编写了本教材。

　　数控机床装配与维修是数控技术技能人才必须掌握的技能，也是中高职装备制造大类数控技术、机电设备技术、智能制造装备技术、机电一体化技术等专业的必修课程。

　　本教材增加课程思政内容，将"课程思政"融入教学任务，在每个任务中以二维码链接的形式，单独设置了"中国机床"的相关内容，融入了数控机床的发展简史、中国数控机床的发展史，数控机床发展的重要几个拐点，数控机床中的重要人物、中国机床工业发展大规模建设阶段，中国数控机床发展的重中之重，数控机床中的大国工匠精神，中国数控机床往后发展趋势等科学精神和爱国情怀元素，鞭策学生努力学习，引导学生树立正确的世界观、人生观和价值观，帮助学生成为德、智、体、美、劳全面发展的社会主义建设者和接班人。

　　本教材采用项目教学的方式进行编写，通过8个具体项目，将数控机床装配与维修融为一体，突出解决问题能力的培养。为了更适合教师教学和中高职学生学习，每个项目任务都配了相关操作视频，让读者能够在较短的时间内掌握教材的内容，及时检查自己的学习效果，巩固和加深对所学知识的理解。此外，每个任务后还附有相关知识题。

　　本教材由新昌技师学院、杭州仪迈科技有限公司联合编写，舒勇、杨君锋担任主编，企业工程师余宏乐担任副主编。由于编者水平所限，书中尚有疏漏之处，敬请读者批评指正。

编者

2024 年 5 月

数 字 资 源 索 引

目 录

项目 1

数控机床基础知识

数控机床的
发展简史

任务导入

数控机床是采用了数控技术的机床，它用数字信号控制机床运动及其加工过程。具体地说，是将刀具移动轨迹等加工信息用数字化的代码记录在程序介质上，然后输入数控装置，经过译码、运算，发出指令，经伺服放大、伺服驱动和反馈，自动控制机床上的刀具与工件之间的相对运动，从而加工出形状、尺寸与精度符合要求的零件，通过本任务的实施，学习数控机床基本结构组成以及各部件之间的联系，从而加深对于机床不同应用场合以及功能的认识。

知识目标：

(1) 知道 CNC (NC) 在不同场合代表的意义。

(2) 熟悉数控车床、车削中心在结构与功能上的区别。

(3) 了解数控铣床、加工中心、FMC 在结构与功能上的区别。

(4) 掌握数控机床各组成部件的作用。

素养目标：

(1) 能区分数控铣床、加工中心与 FMC。

(2) 能区分数控机床的基本组成部件。

(3) 了解数控的科学原理，养成严谨求实的习惯。

(4) 了解数控技术前沿，明确专业责任，增强使命感和责任感。

(5) 提高学生的团队协作能力和沟通能力。

相关知识准备

1.1 数控机床概况

1.1.1 数控技术与数控机床

数控（Numerical Control，NC）是利用数字化信息对机械运动及加工过程进行控制的一种方法，由于现代数控都采用了计算机控制，故又称计算机数控（Comput-

1.1

erized Numerical Control，CNC）。为了对机械运动及加工过程进行数字化控制，需要有相应的硬件和软件，这些用来实现数字化控制的硬件和软件的整体称为数控系统（Numerical Control System），其中，用来实现数字化控制与信息处理的核心部件称为数控装置（Numerical Controller）。因此，NC（CNC）一词在不同的场合有三种不同的含义：第一，在广义上是一种控制技术——数控技术的简称；第二，在狭义上是一类控制系统——数控系统的简称；第三，在部分场合还可特指一种物理设备——数控装置。凡是采用数控技术控制的机床均称为数控机床，简称 NC 机床。NC 机床是一种综合应用了计算机控制、精密测量、精密机械等先进技术的典型机电一体化产品。机床控制也是数控技术应用最早、最广泛的领域，所以，它代表了目前数控技术的水平和发展方向。

NC 机床的种类繁多，根据用途分为镗铣类、车削类、磨削类、冲压类、电加工类、激光加工类等，其中，以金属切削类机床，如数控镗铣床、数控车床、数控磨床、数控冲床、加工中心、车削中心等最为常见。数控机床是现代制造技术的基础，在这个基础上，可构成 FMC、FMS 与 CIMS 等自动化制造单元或系统。

1.1.2　加工中心与 FMC

为了提高加工效率，镗铣类数控机床经常配备有刀具自动交换装置（Automatic Tool Changer，ATC），这样的机床称为加工中心，如图 1-1 所示，它是目前数控机床中产量较大、应用较广的数控机床之一。

在加工中心的基础上，如果再配备多工作台（3 个及以上）自动交换装置（Automatic Pallet Changer，APC）和相关部件，就能够进行一定时间的无人化加工，这样的加工单元称为柔性加工单元（Flexible Manufacturing Cell，FMC），如图 1-2 所示。FMC 不但能够作为独立设备使用，而且也是组成柔性制造系统的基本单元，其技术业已成熟。

图 1-1　加工中心

图 1-2　柔性加工单元

1.1.3　数控车床与车削中心

数控车床是目前数控机床中产量最大、应用最广的数控机床之一。在普通数控车床上，刀架是车床的基本组件，但其刀具通常不能旋转，如图 1-3 所示，因此，不能以是否具备自动换刀功能来区分数控车床和车削中心。

通常而言，作为车削中心的基本要求如下：

（1）其主轴（工件）不但可以控制速度，而且还具有位置控制功能（在任意角度上定位停止），且能参与 X、Y、Z 等基本坐标轴的"插补"运算，实现 Cs 轴控制功能。

（2）车削中心在数控车床 X 轴（径向）、Z 轴（长度）的基础上，增加了垂直方向的运动轴（Y 轴）。

（3）车削中心的刀架上可安装用于钻、镗、铣加工用的旋转刀具（称为动力刀具 Live Tool），以实现工件侧面、端面的孔加工或轮廓铣削加工，如图 1-4 所示。

图 1-3　数控车床

图 1-4　车削中心

1.1.4　FMS 与 CIMS

如在加工中心、FMC、车削中心等基本加工设备的基础上，再增加上下料机器人、物流系统与工件库、刀具输送系统与刀具中心、测量检测设备、装配设备等，并将所有的设备由中央控制系统进行集中、统一控制和管理，这样的制造系统称为柔性制造系统（FMS）。FMS 不但可进行长时间的无人化加工，而且可实现多品种零件的全部加工或装配，实现车间制造过程的自动化，它是一种高度自动化的先进制造系统。

随着科学技术的发展，为了适应市场需求多变的形势，现代制造业不仅需要车间制造过程的自动化，而且还要实现从市场预测、生产决策、产品设计、产品制造直到产品销售的全面自动化，构成完整的生产制造系统，这样的系统称为计算机集成制造系统（CIMS）。CIMS 将一个工厂的生产、经营活动进行了有机的集成，实现了高效益、高柔性的智能化生产，它是目前自动化制造技术发展的最高阶段。

FMS 与 CIMS 是自动化制造技术的发展方向，目前还在研究之中，世界上能真正实用化的 FMS 与 CIMS 还较少。

1.2　数控机床的基本组成

1.2.1　数控机床的组成

按照组成部件的特性，习惯上将数控机床分为机械装置（包括液压、气动部件

3

等）与电气控制系统两大部分。机械装置是用来实现刀具运动的机床结构部件、液压和气动部件、防护罩、冷却系统等附属装置，它们在功能和作用上与普通机床没有太大的区别。

数控机床与普通机床的主要区别体现在电气控制系统上，数控机床的电气控制系统不仅包括了普通机床的低压电气控制线路、开关量逻辑控制装置（PLC），且还需要有实现数字化控制与信息处理的数控装置（CNC）、操作/显示装置（MDI/LCD 面板）、运动控制装置（伺服驱动器、主轴驱动器）、执行装置（伺服电动机、主轴电动机）、测量装置（光栅与编码器）等组成部件，数控机床的组成如图 1-5 所示。

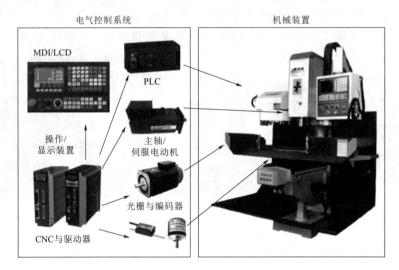

图 1-5　数控机床的组成

1.2.2　数控系统的组成

数控系统的主要控制对象是刀具运动，即坐标轴的移动速度、方向、位置控制等，其控制命令来自数控加工程序。因此，任何数控系统都必须有输入/输出装置（操作/显示装置）、数控装置、伺服驱动（驱动器及电动机）及辅助控制装置这四大基本组成部件。

1. 输入/输出装置

输入/输出装置用于数控加工程序与数据、机床参数、刀具数据等的输入、输出。键盘（MDI）和显示器（LCD）是最常用的输入/输出装置。在先进的数控系统上，还配备有存储器卡、网络通信接口等。早期的光电阅读机、纸带穿孔机、磁带机、软盘驱动器已完全淘汰；最新的数控系统已开始采用触屏、人机接口（HMI）等技术。

2. 数控装置

数控装置是数控系统的核心部件，它由输入/输出接口、控制器、运算器和存储器等基本硬件和操作系统等相关软件组成。数控装置可将输入的控制命令与数据，通过编译、运算和处理，输出控制机床各部件运动的信息和指令。在所有运动控制信息和指令中，坐标轴的进给速度和位移直接决定了刀具的移动轨迹，需要通过"插补"

运算生成，并经伺服驱动器的放大后控制刀具的位移，它是 CNC 最基本、最重要的控制指令。

3. 伺服驱动

伺服驱动一般由伺服放大器（亦称驱动器、伺服单元）和执行机构（伺服电动机）组成。交流伺服驱动是目前数控机床最常用的驱动装置；早期的直流伺服驱动已淘汰；在简易数控机床上，有时也采用步进电动机驱动；在高速加工机床上，还可能使用直线电动机、直接驱动电动机等先进的驱动形式。

伺服驱动的作用主要有两个方面：一是使坐标轴按给定的速度运动；二是使坐标轴在给定的位置定位。因此，它是保证机床加工效率、加工精度的关键部件。通用型交流伺服与专用型交流伺服是目前常用的两类交流伺服驱动装置，前者可独立使用，是运动控制的通用位置控制装置，多用于国产普及型数控系统；后者只能与 CNC 配套使用，为进口全功能数控系统常用的驱动装置。

4. 辅助控制装置

在金属切削机床上，加工程序中通常还包括主轴的转速/转向和起/停控制、刀具交换控制、冷却/润滑控制、工件松/夹控制等辅助指令，这些指令通过 CNC 操作系统的编译后，以控制信号的形式输出到辅助控制器上，由辅助控制器对其进行处理，并驱动主轴驱动器、电磁阀、液压、气动元件完成规定的动作。PLC 是数控机床最为常用的辅助控制器。

1.3 数控机床的分类

1.2

数控机床的种类很多，可以按工艺用途、运动控制方式和伺服控制方式等不同的方法对数控机床进行分类。

1.3.1 按工艺用途分类

1. 普通数控机床

普通数控机床一般指在加工工艺过程中的一个工序上实现数字控制的自动化机床，如数控铣床、数控车床、数控钻床、数控磨床与数控齿轮加工机床等。普通数控机床在自动化程度上还不够完善，刀具的更换与零件的装夹仍需人工来完成。

2. 加工中心

加工中心是带有刀库和自动换刀装置的数控机床，它将数控铣床、数控镗床、数控钻床的功能组合在一起，零件在一次装夹后，可以将其大部分加工面进行铣削。

1.3.2 按运动控制方式分类

1. 点位控制数控机床

数控系统只控制刀具从一点到另一点的准确位置，而不控制运动轨迹，各坐标轴之间的运动是不相关的，在移动过程中不对工件进行加工。这类数控机床主要有数控钻床、数控坐标镗床、数控冲床等。

2. 直线控制数控机床

数控系统除了控制点与点之间的准确位置外，还要保证两点间的移动轨迹为一直线，并且对移动速度也要进行控制，也称点位直线控制。这类数控机床主要有比较简单的数控车床、数控铣床、数控磨床等。单纯用于直线控制的数控机床已不多见。

3. 轮廓控制数控机床

轮廓控制的特点是能够对两个或两个以上的运动坐标的位移和速度同时进行连续相关的控制，它不仅要控制机床移动部件的起点与终点坐标，而且要控制整个加工过程的每一点的速度、方向和位移量，也称为连续控制数控机床。这类数控机床主要有数控车床、数控铣床、数控线切割机床、加工中心等。

1.3.3　按伺服控制方式分类

1. 开环控制数控机床

这类机床不带位置检测反馈装置，通常用步进电机作为执行机构。输入数据经过数控系统的运算，发出脉冲指令，使步进电机转过一个步距角，再通过机械传动机构转换为工作台的直线移动，移动部件的移动速度和位移量由输入脉冲的频率和脉冲个数决定。

2. 半闭环控制数控机床

在电机的端头或丝杠的端头安装检测元件（如感应同步器或光电编码器等），通过检测其转角来间接检测移动部件的位移，然后反馈到数控系统中。由于大部分机械传动环节未包括在系统闭环环路内，因此可获得较稳定的控制特性。其控制精度虽不如闭环控制数控机床，但调试比较方便，因而被广泛采用。

3. 闭环控制数控机床

这类数控机床带有位置检测反馈装置，其位置检测反馈装置采用直线位移检测元件，直接安装在机床的移动部件上，将测量结果直接反馈到数控装置中，通过反馈可消除从电动机到机床移动部件整个机械传动链中的传动误差，最终实现精确定位。

1.4　普及型与全功能 CNC 机床

CNC 机床的伺服驱动是决定机床定位精度、轮廓加工精度的关键部件，因此，判定普及型与全功能机床的依据应是其伺服驱动的结构形式，普及型 CNC 机床配套的是通用型伺服驱动或步进驱动；全功能 CNC 机床则配套专用伺服驱动。

1.4.1　普及型 CNC

普及型 CNC 所使用的通用伺服驱动器是一种带有闭环位置控制功能、通过外部脉冲指令控制伺服电动机位置与速度的控制器，如图 1-6 所示，只要改变指令脉冲的频率与数量，即可达到改变运动速度与定位位置的目的。

通用伺服驱动器是一种独立的位置控制装置，它对上级位置控制器（指令脉冲的提供者）无要求。为了进行驱动器与位置指令脉冲的匹配，驱动器必须带有用于数据设定与显示的操作面板。由于通用伺服的位置控制与调节功能由驱动器本身实现，因此，其位置与速度检测信号无须反馈到 CNC 上；但为了回参考点的需要，电动机的零位脉冲需要输入 CNC。

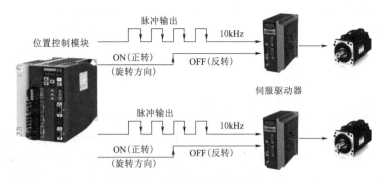

图 1-6 通用伺服驱动器

配套通用伺服的 CNC 装置实际上只是一个简单的指令脉冲发生器，它并不能对定位与轮廓加工过程中产生的跟随误差、实际运动速度与位置等重要参数进行实时监控；各坐标轴是各自独立的运动，不能根据实际位置调整刀具运动轨迹。因此，这样的数控系统相对于 CNC 而言，其坐标轴的位置控制是开环的，从这一意义上说，通用伺服驱动的作用实际上类似于步进驱动器，只是它可以进行连续定位、不存在"失步"现象而已。

配套普及型 CNC 的机床无论在定位精度、轮廓控制性能（例如圆弧插补、椭圆加工等）等方面都与配套全功能 CNC 的机床存在明显差距。

1.4.2 全功能 CNC

全功能 CNC 必须配套专用伺服驱动，驱动器与 CNC 之间一般都通过专用的内部总线连接（如 FANUC 的 FSSB 总线、SIEMENS 的 PROFIBUS 总线等），并以网络通信的形式实现驱动器与 CNC 之间的数据传输，伺服总线使用专门的通信协议，对外部无开放性，驱动器不可以独立使用，专用伺服驱动器如图 1-7 所示。

图 1-7 专用伺服驱动器

使用专用伺服驱动器的全功能 CNC 的驱动器参数设定、状态监控、调试与优化等均可直接在 CNC 的 MDI/LCD 单元上进行，驱动器不需要操作面板。

采用专用伺服驱动的全功能 CNC 的最大特点是其位置控制在 CNC 上实现，所有坐标轴的运动都可以作为统一的整体进行控制，CNC 不但能够实时监控坐标轴的位置跟随误差、实际运动速度与位置等重要参数，而且还可以进行坐标轴之间的协调控制，因此，它是一种真正意义上的位置闭环系统。其定位精度、轮廓控制性能要远远优于使用通用伺服的 CNC 系统。在先进的 CNC 系统上，还可以通过"插补前加减速""AI 先行控制（Advanced Preview Control）"等前瞻控制功能，进一步提高轮廓加工精度。

1.5 CNC 控制的特点

CNC 机床多数是用于金属切削加工的设备，能够既快又好地完成加工，是人们对机床的期望，因此，CNC 机床实际能够达到的精度和效率是衡量其性能与水平最为关键的技术指标。CNC 的控制轴数、联动轴数等代表了数控机床的轮廓加工能力，它们是 CNC 在软件功能上的区别，但并不能真正反映机床实际的精度和效率。CNC 系统是一个专用的实时多任务计算机系统，在它的控制软件中融合了当今计算机软件技术中的许多先进技术，其中最突出的是多任务并行处理和多重实时中断。

1.6 任务实施

1.6.1 分组进行工作

（1）熟悉 FANUC 数控系统的构成。

（2）熟悉 FANUC 数控系统的组成。

（3）了解 FANUC 数控系统的性能及规格。

（4）熟悉 FANUC 数控系统的面板及操作。

1.6.2 任务训练

根据对 FANUC 数控机床各结构组成的观察，将数控机床各结构组成信息填入表 1-1 数控机床信息。

表 1-1 数 控 机 床 信 息

序号	数控机床组成	作　　用	特　　点
1			
2			
3			
4			
5			
6			

1.6.3 知识巩固

1. 在数控机床的操作面板上 "ZERO" 表示（　　）。

A. 手动进给　　　　B. 主轴　　　　C. 回零点　　　　D. 手轮进给

2. 系统面板上的 ALTER 键用于（　　）程序中的字。

A. 删除　　　　B. 替换　　　　C. 插入　　　　D. 清除

3. 普通卧式车床下列部件中，（　　）是数控卧式车床所没有的。

A. 主轴箱　　　　B. 进给箱　　　　C. 尾座　　　　D. 床身

4. 数控机床按伺服系统可分为（　　　）。

A. 开环、闭环、半闭环　　　　　　　　　B. 点位、点位直线、轮廓控制

C. 普通数控机床、加工中心　　　　　　　D. 二轴、三轴、多轴

5. 数控机床有以下特点，其中不正确的是（　　　）。

A. 具有充分的柔性　　　　　　　　　　　B. 能加工复杂形状的零件

C. 加工的零件精度高，质量稳定　　　　　D. 操作难度大

6. 数控机床的基本结构不包括（　　　）。

A. 数控装置　　　　　　　　　　　　　　B. 程序介质

C. 伺服控制单元　　　　　　　　　　　　D. 机床本体

数控系统基本操作训练

数控机床
领域的重
要人物

任务导入

数控车床操作面板是数控机床的重要组成部件，是操作人员与数控机床（系统）进行交互的工具，主要可分成电源控制区域、系统控制面板和机床控制面板等，通过该任务的实施，能够正确操作数控机床各功能键，为数控机床操作提供必要的技术支持，为后续数控机床参数设置打下一定的基础。

知识目标：

(1) 掌握 FANUC 数控系统面板的功能。

(2) 了解数控系统面板按键之间的相互联系。

(3) 能够进行系统进行操作。

素养目标：

(1) 能严格遵守车间安全生产制度，严格遵守从业人员的职业道德。

(2) 激发学生在学习过程中的自主探究精神。

(3) 学习数控系统面板操作，培养爱岗、敬业的社会主义核心价值观。

(4) 懂得运用科学的方法，分析解决数控机床基本操作的实际问题，提高职业素养。

相关知识准备

2.1 实训任务——系统面板介绍

2.1

2.1.1 系统基本面板介绍

下面以 FANUC Oi－TF Plus 数控系统的基本面板为例进行介绍，基本面板可分为：LED 显示区、MDI 键盘区（包括字符键和功能键等）、软键开关区和存储卡接口。FANUC Oi－TF Plus 主面板如图 2－1 所示。

(1) MDI 键盘区上面四行为字母、数字和字符部分，操作时，用于字符的输入。其中 EOB 为分号（；）输入键，其他为功能或编辑键。

(2)【POS】键：按下此键显示当前机床的坐标位置画面。

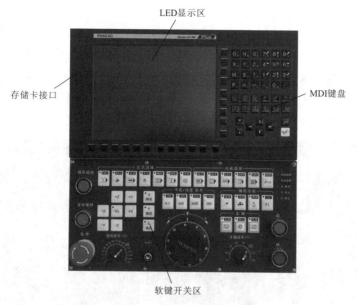

图 2-1 FANUC Oi-TF Plus 主面板

（3）【PROG】键：按下此键显示程序画面。

（4）【OFF/SET】键：按下此键显示刀偏/设定（SETTING）画面。

（5）【SHIFT】键：上档键，按一下此键，再按字符键，将输入对应键右下角的字符。

（6）【CAN】键：退格/取消键，可删除已输入缓冲器的最后一个字符。

（7）【INPUT】键：写入键，当按了地址键或数字键后，数据被输入缓冲器，并在 CRT 屏幕上显示出来；为了把键入输入缓冲器中的数据复制到寄存器，按此键将字符写到指定的位置。

（8）【SYSTEM】键：按此键显示系统画面（包括参数、诊断、PMC 和系统等）。

（9）【MESSAGE】键：按此键显示报警信息画面。

（10）【CSTM/GR】键：按此键显示用户宏画面（会话式宏画面）或显示图形画面。

（11）【ALTER】键：替换键。

（12）【INSERT】键：插入键。

（13）【DELETE】键：删除键。

（14）【PAGE】键：翻页键，包括上下两个键，分别表示屏幕上页键和屏幕下页键。

（15）【HELP】键：帮助键，按此键用来显示如何操作机床。

（16）【RESET】键：复位键，按此键可以使 CNC 复位，用以消除报警等。

（17）方向键：分别代表光标的上、下、左、右移动。

（18）软键区：这些键对应各种功能键的各种操作功能，根据操作界面相应变化。

（19）【NEXT】键：下页键，此键用以扩展软键菜单，按下此键菜单改变，再次按下此键菜单恢复。

（20）返回键：菜单顺序改变时，用此键将菜单复位到原来的顺序。

2.2

2.3

2.1.2　系统操作面板介绍

　　数控机床操作面板的基本任务是通过操作部分按钮（开关），可以对数控机床作直接的机械调整，以改变其工作状态。例如，在许多数控机床控制面板上有类似于手动机床上的摇手柄及选择运动轴及其方向的开关，并且可以快速移动各运动轴。另外，也可以通过按钮来启动主轴，使其顺时针或逆时针转动以及调整转速等，FANUC Oi TF 操作面板，如图 2-2 所示。

图 2-2　FANUC Oi TF 操作面板

2.2　实训任务——机床基本功能操作

2.2.1　功能选择键

　　（1）【EDIT】键：编辑方式键，设定程序编辑方式，其左上角带指示灯。

　　（2）【参考点】键：按此键切换到运行回参考点操作，其左上角指示灯点亮。

　　（3）【自动】键：按此键切换到自动加工方式，其左上角指示灯点亮。

　　（4）【手动】键：按此键切换到手动方式，其左上角指示灯点亮。

　　（5）【MDI】键：按此键切换到 MDI 方式运行，其左上角指示灯点亮。

　　（6）【DNC】键：按此键设定 DNC 运行方式，其左上角指示灯点亮。

　　（7）【手轮】键：在此方式下执行手轮相关动作，其左上角带有指示灯。

2.2.2　功能选择键

　　（1）【单步】键：该键用以检查程序，按此键后，系统一段一段执行程序，其左上角带有指示灯。

　　（2）【跳步】键：此键用于程序段跳过。自动操作中若按下此键，会跳过程序段开头带有"/"和用";"结束的程序段，其左上角带有指示灯。

　　（3）【空运行】键：自动方式下按下此键，各轴是以手动进给速度移动，此键用于无工件装夹时检查刀具的运动，其左上角带有指示灯。

　　（4）【选择停】键：按下此键后，在自动方式下，当程序段执行到 M01 指令时，自动运行停止，其左上角带有指示灯。

（5）【机床锁定】键：自动方式下按下此键，X、Z 轴不移动，只在屏幕上显示坐标值的变化，其左上角带有指示灯。

（6）【超程释放】键：当 X、Z 轴达到硬限位时，按下此键释放限位。此时，限位报警无效，急停信号无效，其左上角带有指示灯。

2.2.3 点动和轴选键

（1）【＋Z】点动键：在手动方式下按下此键，Z 轴向正方向点动。

（2）【－X】点动键：在手动方式下按下此键，X 轴向负方向点动。

（3）【快速叠加】键：在手动方式下，同时按此键和一个坐标轴点动键，坐标轴按快速进给倍率设定的速度点动，其左上角带有指示灯。

（4）【＋X】点动键：在手动方式下按下此键，X 轴向正方向点动。

（5）【－Z】点动键：在手动方式下按下此键，Z 轴向负方向点动。

（6）【X轴选】键：在回零或手轮方式下对 X 轴操作时，需先按下此键以选择 X 轴，选中后其左上角指示灯点亮。

（7）【Z轴选】键：在回零或手轮方式下对 Z 轴操作时，需先按下此键以选择 Z 轴，选中后其左上角指示灯点亮。

2.2.4 手轮/快速倍率键

（1）【×1/F0】键：手轮方式时，进给率执行 1 倍动作；手动方式时，同时按下【快速叠加】键和点动键，进给轴按进给倍率设定的 F0 速度进给；其左上角带有指示灯。

（2）【×10/25％】键：手轮方式时，进给率执行 10 倍动作；手动方式时，同时按下【快速叠加】键和点动键，进给轴按"手动快速运行速度"值 25％ 的速度进给；其左上角带有指示灯。

（3）【×100/50％】键：手轮方式时，进给率执行 100 倍动作；手动方式时，同时按下【快速叠加】键和点动键，进给轴按"手动快速运行速度"值 50％ 的速度进给；其左上角带有指示灯。

（4）【100％】键：手动方式时，同时按下【快速叠加】键和点动键，进给轴按"手动快速运行速度"值 100％ 的速度进给；其左上角带有指示灯。

2.2.5 辅助功能键

（1）【润滑】键：按下此键，润滑功能输出，其指示灯点亮。

（2）【冷却】键：按下此键，冷却功能输出，其指示灯点亮。

（3）【照明】键：按下此键，机床照明功能输出，其指示灯点亮。

（4）【刀塔旋转】键：手动方式下按动此键，执行换刀动作，每按一次，刀架顺时针转动个刀位，换刀过程中其指示灯点亮。

2.2.6 主轴键

（1）【主轴正转】键：手动方式下按此键，主轴正方向旋转，其左上角指示灯点亮。

（2）【主轴停止】键：手动方式下按此键，主轴停止转动，其左上角指示灯点亮。

（3）【主轴反转】键：手动方式下按此键，主轴反方向旋转，其左上角指示灯点亮。

2.2.7　指示灯区

（1）机床就绪：机床就绪后灯亮表示机床可以正常运行。

（2）机床故障：当机床出现故障时机床停止动作，此指示灯点亮。

（3）润滑故障：当润滑系统出现故障时，此指示灯点亮。

（4）X 原点：回零过程和 X 轴回到零点后指示灯点亮。

（5）Z 原点：回零过程和 Z 轴回到零点后指示灯点亮。

2.2.8　波段旋钮和手摇脉冲发生器

（1）进给倍率（%）：当波段开关旋到相应刻度时，各进给轴将按设定值乘以刻度对应百分数执行进给动作。

（2）主轴倍率（%）：当波段开关旋到相应刻度时，主轴将按设定值乘以刻度对应百分数执行动作。

（3）手轮：在手轮方式下，可以对各进给轴进行手轮进给操作，其倍率可以通过 ×1、×10、×100 键选择。

2.2.9　其他按钮开关

（1）循环启动按钮：按下此按钮，自动操作开始，其指示灯点亮。

（2）进给保持按钮：按下此按钮，自动运行停止，进入暂停状态，其指示灯点亮。

（3）急停按钮：按下此按钮，机床动作停止，待排除故障后，旋转此按钮，释放机床动作。

（4）程序保护开关：当把钥匙打到红色标记处，程序保护功能开启，不能更改 NC 程序；当把钥匙打到绿色标记处，程序保护功能关闭，可以编辑 NC 程序。

（5）NC 电源开按钮：用以打开 NC 系统电源，启动数控系统的运行。

（6）NC 电源关按钮：用以关闭 NC 系统电源，停止数控系统的运行。

2.3　任　务　实　施

2.3.1　填写 FANUC 数控系统信息

观察 FANUC 数控机床，找出 FANUC 数控系统名称、CNC 序列号等，填写表 2-1 FANUC 数控系统信息。

表 2-1　　　　　　　　　　　　　　FANUC 数控系统信息

序号	FANUC 数控系统名称	CNC 序列号	主要特点
1			
2			
3			
4			

序号	FANUC 数控系统名称	CNC 序列号	主要特点
5			
6			
7			

2.3.2 知识巩固

1. 数控系统一般由（　　）组成。

A. 输入装置、顺序处理装置　　　　B. 数控装置、伺服系统、反馈系统

C. 控制面板和显示　　　　　　　　D. 数控柜和驱动柜

2. 数控机床由（　　）等部分组成。

A. 硬件、软件、机床、程序

B. I/O、数控装置、伺服系统、机床主体及反馈装置

C. 数控装置、主轴驱动、主机及辅助设备

D. I/O、数控装置、控制软件、主机及辅助设备

3. 数控机床主要由数控装置、机床本体、伺服驱动装置和（　　）等部分组成。

A. 运算装置　　　　　　　　　　　B. 存储装置

C. 检测反馈装置　　　　　　　　　D. 伺服电动机

4. 数控系统的功能有（　　）。

A. 插补运算功能　　　　　　　　　B. 控制功能、编程功能、通信功能

C. 循环功能　　　　　　　　　　　D. 刀具控制功能

5. 简述数控机床的系统参数如何设定。

项目 3

数控系统的备份与还原

中国数控机床
的发展史

数控机床是由机床硬件和数控系统软件组成的，数控机床参数是其系统软件中的一种关键值，它决定着数控机床的功能和控制精度，是机床厂家根据机床特点经过一系列试验，调整而获得设定的重要数据，是保证数控机床正常工作的关键，一旦某一参数丢失或误改动，容易使机床的某些功能不能实现或系统混乱甚至陷入瘫痪状态。如：轴补偿数据是根据每台机床的实际情况确定的，即便是同厂家、同型号的两台机床，也是不一样的，一旦丢失，就需要用激光干涉仪重新进行检测、补偿，需花费大量的时间和精力，给工作带来很大不便。数控系统的备份与还原的训练使学生掌握数控系统备份与还原的基本方法，能够利用存储卡进行数据备份。

知识目标：

（1）了解数控系统备份与还原所需要的技术资料与内容。

（2）熟悉数控系统数据备份的作用。

（3）掌握数控系统备份与还原的方法与步骤。

素养目标：

（1）能严格遵守车间安全生产制度，严格遵守从业人员的职业道德。

（2）激发学生在学习过程中自主探究精神。

（3）提升数控系统备份与还原的能力，培养科学精神。

（4）了解岗位要求，培养正确、规范的工作习惯和严肃认真的工作态度。

（5）能进行数控系统的基本检查，提高学生的团队协作能力和沟通能力。

相关知识准备

3.1 数控系统数据备份的含义

3.1

在数控机床的使用过程中，由于操作人员的疏忽，外部干扰等原因，有可能导致数据和参数的丢失和损坏，因此备份和恢复数控系统的数据和参数是十分必要的。数控系统数据备份和恢复能针对不同的数控系统通信参数的设置和操作以及计算机侧的通信电缆接口引脚，实现 PROGRAM（零件程序）、PARAMETER（机床参数）、PITCH（螺距误差补偿表）、MACRO（宏参数）、OFFSET（刀具偏置表）、PMC PARAMETER（PMC 数据）的传送。机床参数、螺距误差补偿表、宏参数、工件坐标系数据传输的协议设定只需在各自的菜单下设置，PMC 数据的传送需更改两端的协议。PMC 程序的传送必须使用 FANUC 专用编程软件 LADDER-Ⅲ 方可实现，数控机床与计算机之间的数据传输如图 3-1 所示。

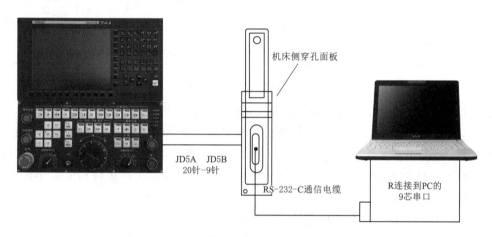

图 3-1 数控机床与计算机之间的数据传输

3.2 数控系统数据备份的作用

为防止控制单元损坏、电池失效或电池更换时出现差错导致机床数据丢失，要定期做好数据的备份工作，以防止意外发生。在 FANUC Oi 数控系统中需要备份的数据有加工程序、CNC 参数、螺距误差补偿值、宏变量、刀具补偿值、工件坐标系数据、PMC 程序、PMC 数据等。

随着自动编程软件在数控机床加工，特别是模具加工领域的普遍应用及数控机床现代维修技术的需要，数控系统需要具有高可靠性、高速度的数据传输功能，这样才能保证 DNC 在线加工程序的正确性和效率。FANUC 16/18/21/Oi 系统的 RS-232-C 串口的波特率可达到 19200bit/s，远程通信的波特率可达到 86400bit/s，高速串行总线通信（HSSB）的波特率为 256000bit/s。另外，在机床所有参数调整完成后，也需要对出厂参数等数据进行备份并存档，万一机床发生故障时用于恢复数据。

3.3 CNC 中保存的数据类型和保存方式

FANUC 数控系统中的数据、保存位置和来源，见表 3-1。

表 3 - 1   **FANUC 数控系统中的数据、保存位置和来源**

数 据	保存位置	来 源	备 注
CNC 参数	SRAM	机床厂家提供	必须保存
PMC 参数	SRAM	机床厂家提供	必须保存
梯形图程序	FLASH ROM	机床厂家提供	必须保存
螺距误差补偿值	SRAM	机床厂家提供	必须保存
宏变量和加工程序	SRAM	机床厂家提供	必须保存
宏编译程序	FLASH ROM	机床厂家提供	如果有，保存
C 执行程序	FLASH ROM	机床厂家提供	如果有，保存
系统文件	FLASH ROM	FANUC 提供	不需要保存

  FANUC 系统文件不需要备份，但也不能轻易删除，因为有些系统文件一旦删除了，再原样恢复也会出现系统报警而导致系统停机，不能使用。

  FANUC Oi 数控系统进行数据备份和恢复的方法主要有两个：一是使用存储卡通过 FANUC 数控系统的引导页面或正常启动页面进行数据备份和恢复；二是通过控制单元上的 JD36A 或 JD3B 接口（RS - 232 - C 串口）或以太网接口和个人计算机进行数据备份和恢复。

  CNC 内部数据的种类和保存处，见表 3 - 2。

表 3 - 2   **CNC 内部数据的种类和保存处**

内部数据的种类	保存处	备 注
CNC 参数	SRAM	
PMC 参数	SRAM	
顺序程序	F - ROM	
螺距误差补偿量	SRAM	选择功能
加工程序	SRAM F - ROM	
刀具补偿量	SRAM	
用户宏变量	SRAM	选择功能
宏 P - CODE 程序	F - ROM	宏执行器（选择功能）
宏 P - CODE 变量	SRAM	
C 语言执行器应用程序	F - ROM	C 语言执行器（选择功能）
SRAM	SRAM	

注   CNC 参数、PMC 参数、顺序程序、螺距误差补偿量 4 种数据随机床出厂。

3.4   存储卡的数据备份方法

  存储卡（Compact Flash，CF）在笔记本电脑和部分数码相机中都可使用。存储卡可以在市面上购买，一般使用 CF 卡＋PCMCIA 适配器。如果在市面上购买，就需要挑选兼容性好的卡和适配器，因为市场上有一些质量不好的存储卡在 FANUC CNC 上是不能使用的。

目前，FANUC 的 i 系列系统 OiF、Oi MateF 上都有 PCMCIA 插槽，这样就可以方便地使用存储卡传输备份数据了。对于主板和显示器一体型系统，插槽位置在显示器左侧，如图 3-2 所示。存储卡插入时，要注意方向，对于一体型系统，CF 卡商标向右，注意插入时不要用力过大，以免损坏插针。对于分体型系统，存储卡插在主板上，要到电气柜里插拔，插入时也要注意指示方向，不要插反。

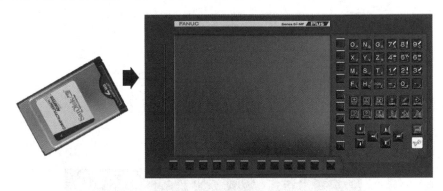

图 3-2　主板和显示器一体型系统存储卡插槽位置

3.4.1　数据输入/输出操作的方法

用存储卡进行数据输入/输出操作的方法可以分为 3 种，每种方法各有特点。

1. 通过 BOOT 界面备份

这种方法备份数据，备份的是 SRAM 的整体，数据为二进制形式，在计算机上打不开。但此方法的优点是恢复或调试其他相同机床时可以迅速完成。

2. 通过各个操作界面分别备份 SRAM 中的各个数据

这种方法在系统的正常操作界面操作，编辑（EDIT）方式或急停方式均可操作，输出的是 SRAM 的各个数据，并且是文本格式，在计算机上可以打开，但缺点是输出的文件名是固定的。

3. 通过 ALL I/O 界面分别备份 SRAM 中的各个数据

这种方法有个专门的操作界面即 ALL I/O 界面，但必须是编辑（EDIT）方式才能操作，在急停状态下不能操作。SRAM 中的所有数据都可以分别备份和恢复。和第 2 种方法一样，输出文件的格式是文本格式，在计算机上也可以打开。和第 2 种方法不同的地方在于可以自定义输出的文件名，这样，一张存储卡可以备份多台系统（机床）的数据，以不同的文件名保存。

3.4.2　存储卡通过 BOOT 界面的备份操作

1. BOOT 界面

BOOT 是系统在启动时执行 CNC 软件建立的引导系统，作用是从 FROM 中调用软件到 DRAM 中。BOOT 界面的进入方法为：首先插上存储卡，按住显示器下面最右边两个软键，然后系统通电。如果是触摸屏系统，用数字键对 BOOT 界面进行操作，按 MDI 键盘上的数字键 6 和 7，如图 3-3 所示。此时，系统进入 BOOT 界面，如图 3-4 所示。

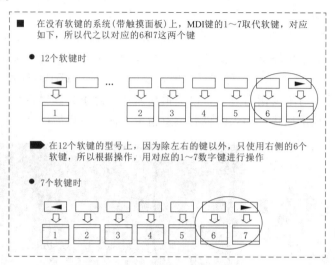

图 3-3　触摸屏启动 BOOT 按键

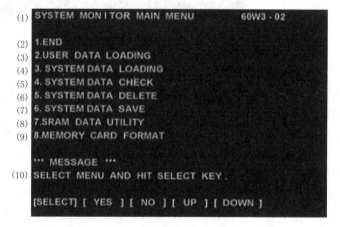

图 3-4　存储卡启动 BOOT 界面

BOOT 界面各选项的含义见表 3-3。

表 3-3　　　　　　　　　　　　BOOT 界面各选项的含义

选项	含　义
(1)	显示标题。右端显示 BOOT SYSTEM 的版本
(2)	结束，退出 BOOT 界面。进行此操作，系统自检后进入正常界面
(3)	用户数据装载（卡→CNC 的 FROM）
(4)	系统数据载入
(5)	系统数据检查
(6)	系统数据删除。用于删除 FROM 中的软件，但是对于系统软件一般不允许删除，因此在此操作下可删除系统梯形图，所以操作时需注意

续表

选项	含　义
(7)	向存储卡备份数据本
(8)	备份/恢复 SRAM 区
(9)	存储卡格式化
(10)	显示简单的操作方法和错误信息

根据屏幕下软键进行操作，如果使用 MDI 键盘数字键，则用数字键操作。

2. SRAM 数据的备份

在图 3-4 所示的 BOOT 界面中，(1)～(6) 项是针对存储卡和 FROM 的数据交换，第 (7) 项是保存 SRAM 中的数据，因为 SRAM 中保存的系统参数、加工程序等在系统出厂时都是没有的，所以要注意保存，做好备份。操作步骤如下。

(1) 在 BOOT 界面中按软键【UP】或【DOWN】把光标移至“7. SRAM DATA UTILITY”上面。

(2) 按【SELECT】软键，显示 SRAM 数据备份界面，如图 3-5 所示。

```
SRAM DATA UTILITY
[BOARD: MAIN]
1. SRAM BACKUP (CNC → MEMORY CARD)
2. RESTORE SRAM (MEMORY CARD → CNC)
3. END

SRAM SIZE: 1. 0MB (BASIC)

***MESSAGE***
SELECT MENU AND HIT SELECT KEY

(SELECT) (YES)   (NO)   (UP)   (DOMN)
```

图 3-5　SRAM 数据备份界面

这时，注意 MESSAGE 下的信息提示，按照提示进行操作。进入 SRAM 备份界面后，可以看到有两个选项：一个选项是 SRAM 数据备份，作用是把 SRAM 中的内容保存到存储卡中（SRAM→卡）；另一选项正好相反，是恢复 SRAM 数据，把卡里的内容恢复到系统中（卡→SRAM）。

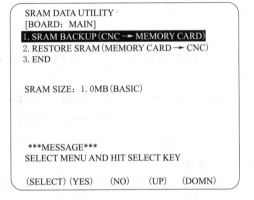

(3) 备份 SRAM 内容时，用【UP】或【DOWN】软键将光标移至“SRAM BACKUP”，按【SELECT】软键，系统显示图 3-6 所示的界面。

(4) 进行数据保存操作时，按【YES】软键，SRAM 开始写入存储卡，显示如图 3-7 所示。

```
FILE NAME: SRAMI 0A.FDB
           SRAMI_0B.FDB

***MESSAGE***
BACKUP SRAM DATA OK ? HIT YES OR NO.
```

显示把SRAM数据输入存储卡的文件名

☞ 文件名请看下页。

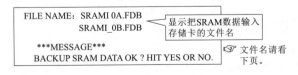

图 3-6　备份 SRAM 内容

```
***MESSAGE***
SRAM BACKUP WRITING TO MEMORY CARD
```

图 3-7　数据保存操作

(5) 写入结束后，显示图 3-8 所示的信息。

(6) 保存结束后，按【SELECT】软键。

(7) 把光标移动到“END”上，如图 3-9 所示，然后按【SELECT】软键，系统即退回到 BOOT 的初始界面。

```
***MESSAGE***
SRAM BACKUP COMPLETE. HIT SELECT KEY.
```

图 3-8　写入结束时显示信息

```
1. SRAM BACKUP(CNC → MEMORY CARD)
2. RESTORE SRAM(MEMORY CARD → CNC)
3. END
```

图 3-9　结束操作

注意：因为在此状态下备份的数据是机器内码打包形式，所以作为备份，可迅速恢复系统，但不能在计算机上查看详细内容。

3. 从 BOOT 界面备份梯形图

（1）完整的梯形图分为 PMC 程序和参数两部分，其中 PMC 程序在 FROM 中，PMC 参数在 SRAM 中。在图 3-4 所示的 BOOT 界面主菜单上选择"6. SYSTEM DATA SAVE"。

（2）按【SELECT】软键，按［PAGE↓］键翻页至 PMC1 上（根据 PMC 版本不同，名称有所差别）。

（3）按【SELECT】软键后，显示是否保存询问。

（4）确认后，按【YES】软键，就把梯形图文件保存到存储卡中了。要取消时，按【NO】软键。

（5）结束时，显示结束信息，确认后按【SELECT】软键。

（6）输出结束后，把光标移到"END"上，按【SELECT】软键，即退回到 BOOT 主界面。

如果菜单上没有显示"END"，按 ▶ 以显示下页菜单。

注意：有些文件是系统软件，是受保护的，不能复制。

3.4.3　分别备份和恢复 SRAM 中的各个数据

1. 备份参数

从系统正常界面下可备份参数，但需要两个基本条件：① 系统在编辑（EDIT）方式或急停状态下；② 设定参数 20 号参数值为 4，使用存储卡作为 I/O CHANNEL 设备。操作步骤如下：

（1）在 MDI 键盘上按 ▣，再按【参数】软键，显示参数界面。

（2）按下软键右侧的【OPR】或【（操作）】，对数据进行操作。

```
EDIT  ****  ***  ***        17:13:51
〔 参数 〕〔 诊断 〕〔 PMC 〕〔 系统 〕〔（操作）〕
```

（3）按下右侧的扩展键 ▶，按［PUNCH］软键输出。

```
EDIT  ****  ***  ***        17:22:24
〔      〕〔 READ 〕〔PUNCH〕〔      〕〔      〕
```

（4）按［NON-0］软键选择不为 0 的参数，如果按【ALL】软键，则选择全部参数。

```
EDIT  ****  ***  ***        17:22:39
〔      〕〔      〕〔 ALL 〕〔      〕〔 NON-0 〕
```

（5）按【EXEC】软键执行，选择输出。

EDIT **** *** *** 17:22:53
（ ）（ ）（ ）（ CAN ）（ EXEC ）

操作完成后，参数以默认名“CNCPARAM”保存到存储卡中。如果把 100＃3 NCR 设定为“1”，可让传出的参数紧凑排列。以此种方式备份的参数可以在计算机上用写字板或记事本直接打开，但是此种方法备份出的参数文件名不可更改。如果卡中有一套名为“CNCPARAM”的系统参数，再备份另外一台系统参数时，原来的数据将会被覆盖。如果要回传参数，从步骤（3）中按【READ】软键，再选择【EXEC】软键执行，即可把备份出来的参数回传到系统中。

2. 保存 PMC 程序（梯形图）

在 MDI 键盘上按“SYSTEM（系统）”再按扩展软键，按【PMCMNT】软键，再按【I/O】软键，选择“装置＝存储卡”“功能＝写”“数据类型＝顺序程序”“文件名＝PMC1.001”，此时显示器上的状态显示为“PMC→存储卡”，PMC 程序（梯形图）保存界面，如图 3－10 所示。

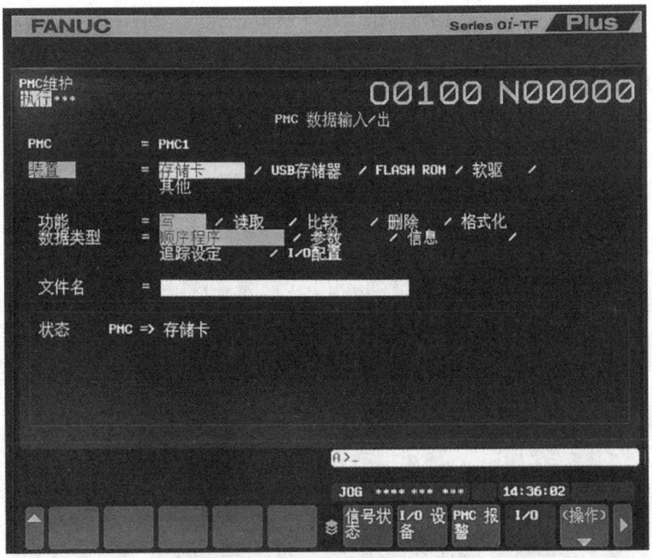

图 3－10 PMC 程序（梯形图）保存界面

按照上述每项设定，按【执行】软键，PMC 梯形图按照“PMC1.001”名称保存到存储卡上。

3. 保存 PMC 参数

进入 PMC 界面以后，按【I/O】软键，与图 3－10 设定不同的地方是设定“数据类型＝参数”，其他按照图 3－10 设定每项，按【执行】软键，则 PMC 参数按照“PMC_PRM.001”名称保存到存储卡上。

4. 加工程序的输入/输出

同备份参数一样，程序的输入/输出也要满足 20 号参数值为 4，并且在 EDIT

（编辑）方式下进行操作，如图 3-11 所示，I/O 通道设置为 4。操作步骤如下。

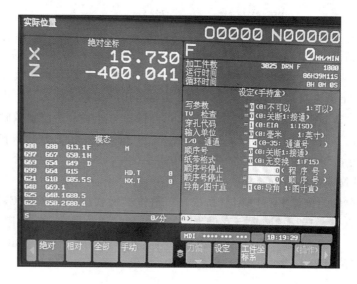

图 3-11 I/O 通道设置

（1）在 MDI 键盘上按"EDIT（编辑）"，再按"■程式"，显示系统程序界面，如图 3-12 所示。

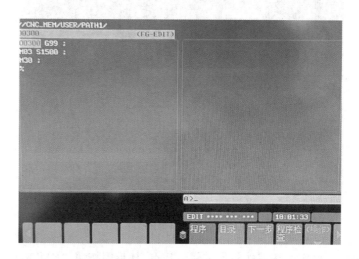

图 3-12 系统程序界面

（2）按【OPRT（操作）】软键，如图 3-13 所示。

图 3-13 按【OPRT（操作）】软键

（3）按【▶】扩展键，如图 3-14 所示。

图 3-14 按【▶】扩展键

（4）找到【读入】【输出】软键，如图 3-15 所示。

图 3-15 找到【读入】【输出】软键

（5）按【输出】软键可将机床程序传入到 NF 卡中，如图 3-16 所示。

图 3-16 按【输出】软键

（6）分别按【F 设定】软键设定文件名，如 008；按【P 设定】软键设定程序名，如 O0001。设定好后按【执行】，如图 3-17 所示。

图 3-17 按【执行】操作

同理，输入程序可以在图 3-15 中的读入中进行，但在"程序（PROG）"界面里看不到 NF 卡中的文件名。要想准确地看到文件名需要按"系统键（SYSTEM）"，如图 3-18 所示。

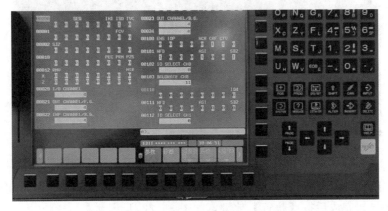

图 3-18 DNC 键盘系统键（SYSTEM）

（7）按【▶】扩展键找到【所有 IO】选项，如图 3 - 19 所示。

图 3 - 19　按【▶】扩展键

（8）进入【所有 IO】界面，按【操作】软键，如图 3 - 20 所示。

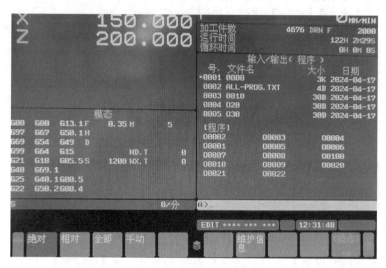

图 3 - 20　【所有 IO】界面

（9）按【F 读取】软键，如图 3 - 21 所示。

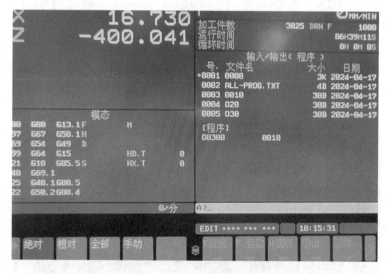

图 3 - 21　按【F 读取】软键

（10）分别按【F 设定】软键设定文件号，如 0001；按【P 设定】软键设定程序名，如 O0001。完成后按【执行】软键，如图 3 - 22 所示。

图 3-22　程序输出设定与执行

（11）按图 3-20 中的【▶】扩展键，切换到如图 3-23 所示界面。

图 3-23　程序输出界面

（12）按【全部输出】，软件跳转至如图 3-24 所示界面。

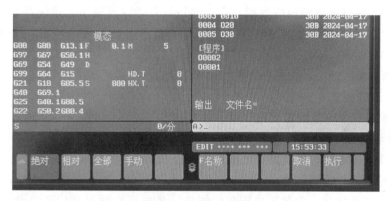

图 3-24　程序输出执行

（13）在图 3-24 所示界面中按【F 名称】软键输入文件名，如（10），按【执行】软键。

3.5　任 务 实 施

3.5.1　CNC 系统参数的备份与恢复

1. 输入/输出参数的设定

PRM0000 设定为 00000010。

PRM0020 设定为 0。

PRM0101 设定为 00000001。

3.2

PRM0102 设定为 0（用 RS‐232‐C 传输）。

PRM0103 设定为 10（传送速度为 4800bit/s），设定为 11（传送速度为 9600bit/s）。

2. 输出 CNC 参数

（1）选择 EDIT（编辑）方式。

（2）按【SYSTEM】键，再按【PARAM】软键，选择参数界面。

（3）按【OPRT】软键，再按连续菜单扩展键。

（4）启动计算机侧传输软件，使其处于等待输入状态。

（5）在系统侧按【PUNCH】软键，再按【EXEC】软键，开始输出参数。同时界面下部状态显示上的"OUTPUT"闪烁，直到参数输出后停止，按【RESET】键可停止参数输出。

3. 输入 CNC 参数

（1）进入急停状态。

（2）按数次【SETTING】键，可显示设定界面。

（3）确认参数写入＝[1]。

（4）按菜单扩展键。

（5）按【READ】软键，再按【EXEC】软键后，系统处于等待输入状态。

（6）在计算机侧找到相应数据，启动传输软件，执行输出，系统开始输入参数，同时界面下部状态显示上的"INPUT"闪烁，直到参数输入后停止，按【RESET】键可停止参数输入。

（7）参数输入完后，关断一次电源，再打开。

3.5.2　知识巩固

1. 数控装置中电池的作用是（　　）。

A. 给系统的 CPU 运算提供能量

B. 在系统断电时，用它储存的能量来保存 RAM 中的数据

C. 为检测元件提供能量

D. 在突然断电时，为数控机床提供能量，使机床能暂时运行几分钟，以便退出刀具

2. 断电后计算机信息依然存在的部件为（　　）。

A. 寄存器　　　　　　B. RAM 存储器　　　　　C. ROM 存储器　　　　　D. 运算器

3. 数控机床由（　　）等部分组成。

A. 硬件、软件、机床、程序

B. I/O、数控装置、伺服系统、机床主体及反馈装置

C. 数控装置、主轴驱动、主机及辅助设备

D. I/O、数控装置、控制软件、主机及辅助设备

4. 说出 FANUC 系统数控机床数据的备份与恢复常用的两种方法。

项目 4

数控机床参数设定

任务导入

数控机床采用数字控制技术对机床的加工过程进行自动控制，是现代制造业中应用最为广泛的加工设备。数控机床参数设置是数控机床安装调试与维修中的重要内容，深入理解并恰当运用参数设置是提高工作质量与效率的必要保障。参数是数控系统用来匹配机床数控功能的一系列数据，包括设置参数、通信接口参数、伺服控制轴参数、行程限位参数、坐标系参数、进给与伺服电动机参数、显示与编辑参数、CNC画面显示功能参数、主轴参数及编程参数等，参数设置得正确与否，将直接影响到机床的正常工作与加工产品的质量，通过本任务的实施，使学生加深对机床参数设置的认识并培养学生解决实际问题的能力。

知识目标：

（1）了解与机床设定相关的参数。

（2）了解与阅读机/穿孔机接口相关的参数。

（3）了解有关通道的参数。

（4）了解与CNC画面显示功能相关的参数。

（5）掌握与存储行程检测相关的参数的设定。

（6）掌握与伺服相关的参数的设定。

素养目标：

（1）能严格遵守车间安全生产制度，严格遵守从业人员的职业道德。

（2）能分析CNC自动工作时，出现参数设置引起的故障原因。

（3）能进行CNC参数的设定与修改，CNC的引导系统操作。

（4）懂得运用科学的方法，解决国外先进数控的实际问题，提高职业素养。

相关知识准备

4.1 数控机床参数设定方法

FANUC数控系统中保存的数据类型丰富，主要包括数控系统参数、PMC参数、数控程序、宏程序等。

4.1.1　系统参数设置与修改作用

在数控系统中，系统参数用于设定数控机床及辅助设备的规格和内容，以及加工操作中所需的一些数据。在机床厂家制造机床、最终用户使用的过程中，通过设定系统参数，实现对伺服驱动、加工条件、机床坐标、操作功能和数据传输等方面的设定和调用。

当系统在安装调试或使用过程中出现故障时，如果是系统故障，可以通过对系统控制原理的理解和系统报警号提示进行故障排除；如果是外围故障，可以通过分析 PMC 程序进行故障排除；如果是功能和性能方面的问题，则可以通过调整参数来解决。

FANUC 数控系统中的参数功能强大，如果参数设定错误，将对机床及数控系统的运行产生不良影响。所以更改参数之前，一定要清楚地了解该参数的意义及其对应的功能。

4.1.2　系统参数数据种类

FANUC 数控系统的参数按照数据的形式大致可分为位型和字型。其中位型又分位型和位轴型等；字型又分字节型、字节轴型、字型、字轴型、双字型、双字轴型等。轴型参数允许分别设定给各个控制轴。

位型参数从右向左依次为 ♯0～♯7，这 8 位单独设置 0 或 1。位型参数格式显示页面如图 4-1 所示。数据号就是常讲的参数号。

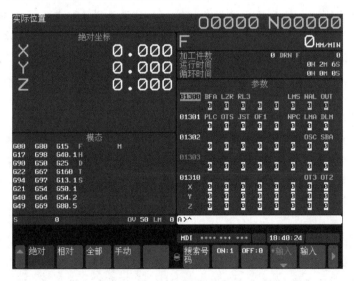

图 4-1　位型参数格式显示页面

字型参数中不同类型数据的有效输入范围见表 4-1。

表 4-1　　　　　　　　　字型参数中不同类型数据的有效输入范围

数据类型	数据范围	备　　注
位型	0 或 1	
位机械组型		

续表

数据类型	数据范围	备　注
位路径型		
位轴型	0 或 1	
位主轴型		
字节型		
字节机械组型		
字节路径型	−128～127 0～255	有的参数被作为不带符号的数据处理
字节轴型		
字节主轴型		
字型		
字机械组型		
字路径型	−32768～32767 0～65535	有的参数被作为不带符号的数据处理
字轴型		
字主轴型		
双字型		
双字机械组型		
双字路径型	−999999999～0～ ±999999999	有的参数被作为不带符号的数据处理
双字轴型		
双字主轴型		
实数型		
实数机械组型		
实数路径型	见标准参数设定表	
实数轴型		
实数主轴型		

注意：

（1）位型、位机械组型、位路径型、位轴型、位主轴型参数，由 8 位（8 个具有不同含义的参数）构成一个数据号。

（2）机械组型表示存在最大机械组数量的参数，可以为每个机械组设定独立的数据。而在 Oi-F/Oi-F Plus 的情况下，最大机械组数必定为 1。

（3）路径型表示存在最大路径数的参数并可以为每一路径设定独立的数据者。

（4）轴型表示存在最大控制轴数的参数并可以为每一控制轴设定独立的数据者。

（5）主轴型表示存在最大主轴数的参数并可以为每一主轴设定独立的数据者。

（6）数据范围为一般的范围。数据范围根据参数而有所不同。

4.1.3　参数的表示方法

位型以及位型（机械组/路径/轴/主轴）参数。

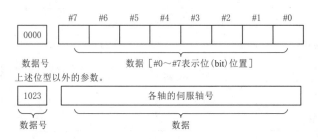

在位型参数名称的表示法中，附加在各名称上的小字符"x"或者"s"表示其为下列参数。

"□□□x"：位轴型参数。

"○○○s"：位主轴型参数。

字型参数格式显示页面，如图4-2所示。

图 4-2　字型参数格式显示页面

4.1.4　参数设定画面

用于参数的设置、修改等操作，在操作时需要打开参数开关，按 OFFSET 键显示画面，如图4-3所示，此画面写参数选项设置为 0 时不可以进行参数修改，设置为 1 时就可以进行参数修改，参数画面，如图4-4所示。

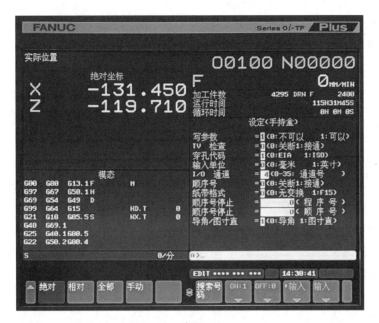

图 4-3　参数开关画面

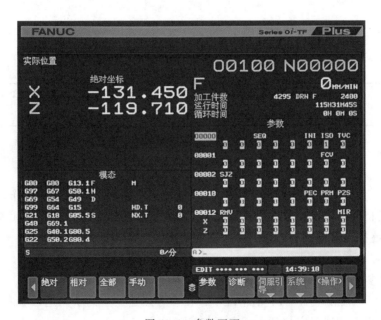

图 4-4　参数画面

4.2　与数控机床设定相关的参数设定

与数控机床设定相关的参数主要包括与机床设定相关的参数、与阅读机/穿孔机接口相关的参数、与通道 1（I/O CHANNEL＝0）相关的参数和有关与 CNC 画面显示功能相关的参数等。

4.1

4.2.1　与机床设定相关的参数

	0000	#7	#6	#5	#4	#3	#2	#1	#0
1.				SEQ			INI	ISO	TVC

（1）#0 TVC 提示是否进行 TV 检查。

0：不进行。

1：进行。

（2）#1 ISO 提示输出的数据代码。

0：EIA 代码。

1：ISO 代码。

（3）#2 INI 提示输入单位。

0：公制输入。

1：英制输入。

（4）#5 SEQ 提示是否自动插入顺序号。

0：不自动插入。

1：自动插入。

注释：

存储卡的输入输出设定，通过参数 ISO（No.0139#0）进行。

数据服务器的输入输出设定，通过参数 ISO（No.0908#0）进行。

	0002	#7	#6	#5	#4	#3	#2	#1	#0
2.		SJZ							

#7 SJZ 提示若是参数 HJZx（No.1005#3）被设定为有效的轴，手动返回参考点。

0：在参考点尚未建立的情况下执行借助减速挡块的参考点返回操作。在已经建立参考点的情况下，以参数中所设定的速度定位到参考点而与减速挡块无关。

1：始终执行借助减速挡块的参考点返回操作。

注释：

SJZ 对参数 HJZx（No.1005#3）被设定为"1"的轴有效。但是，在参数 LZx（No.1005#1）被设定为"1"的情况下，在参考点建立后的手动返回参考点操作中，以参数中所设定的速度定位到参考点而与 SJZ 的设定无关。

	0010	#7	#6	#5	#4	#3	#2	#1	#0
3.							PEC	PRM	PZS

（1）#0 PZS 提示零件程序穿孔时的 0 号是否进行零抑制。

0：不进行零抑制。

1：进行零抑制。

（2）♯1 PRM 提示输出参数时，是否输出参数值为 0 的参数。

0：予以输出。

1：不予输出。

（3）♯2 PEC 提示在输出螺距误差补偿数据时，是否输出补偿量为 0 的数据。

0：予以输出。

1：不予输出。

4.	0012	♯7	♯6	♯5	♯4	♯3	♯2	♯1	♯0
		RMVx							MIRx

（1）♯0 MIRx 提示各轴的镜像设定。

0：镜像 OFF（标准）。

1：镜像 ON（镜像）。

（2）♯7 RMVx 提示各轴的控制轴拆除的设定。

0：不会拆除控制轴。

1：拆除控制轴。

注释：RMVx 在参数 RMBx（No.1005♯7）被设定为 1 时有效。

4.2.2 与阅读机/穿孔机接口相关的参数

为使用 I/O 设备接口（RS-232-C 串行端口）与外部 I/O 设备之间进行数据（程序、参数等）的输入/输出，需要设定下面描述的参数。在 I/O CHANNEL［参数（No.0020）］中设定使用通道（RS-232-C 串行端口 1、RS-232-C 串行端口 2 等）中连接在哪个通道上的 I/O 设备。另外，连接于各通道的 I/O 设备的规格（如 I/O 设备的规格号、波特率、停止位数等）必须预先设定在与各通道对应的参数中。

0020	I/O CHANNEL：I/O 设备的选择或前台用输入设备的接口号

【数据范围】0～9

作为与外部 I/O 设备和主机进行数据输入/输出操作的接口，具有 I/O 设备接口（RS-232-C 串行端口 1、RS-232-C 串行端口 2）、存储卡接口、数据服务器接口、嵌入式以太网接口。

通过参数 I04（No.0110♯0）的设定，可以分开控制数据的输入/输出。具体来说，在没有设定 I04 的情况下，以参数（No.0020）中所设定的通道进行输入/输出。另外，在设定了 I04 的情况下，可以分别为前台的输入/输出、后台的输入/输出分配通道。在这些参数中设定连接到哪个接口的 I/O 设备，以及是否进行数据的输入/输出（表 4-2）。

表 4-2 设定值和 I/O 设备的对应表

设定值	内　容
0，1	RS-232-C 串行端口 1
2	RS-232-C 串行端口 2

续表

设定值	内　　容
4	存储卡接口
5	数据服务器接口
6	通过 F0CAS2/Ethernet 进行 DNC 运行或 M198 指令

4.2.3　与通道 1（I/O CHANNEL＝0）相关的参数

0103	波特率（I/O CHANNEL＝0 时）

【数据范围】1～12

此参数设定与 I/O CHANNEL＝0 对应的 I/O 设备的波特率。

设定时，请参阅表 4 - 3。

表 4 - 3　　　　　　　　　　波 特 率 的 设 定

设 定 值	波特率/(bit/s)	设 定 值	波特率/(bit/s)
1	50	8	1200
3	110	9	2400
4	150	10	4800
6	300	11	9600
7	600	12	19200

0103	波特率（I/O CHANNEL＝1 时）

【数据范围】1～12

此参数设定与 I/O CHANNEL＝1 对应的 I/O 设备的波特率。

4.2.4　与 CNC 画面显示功能相关的参数

1.

0300	#7	#6	#5	#4	#3	#2	#1	#0
								PCM

#0 PCM 提示 CNC 画面显示功能中，NC 一侧有存储卡接口时，是否使用。

0：使用 NC 侧的存储卡接口。

1：使用电脑侧的存储卡接口。

2.

3401	#7	#6	#5	#4	#3	#2	#1	#0
	GSC	GSB	ABS	MAB				DPI
			ABS	MAB				DPI

（1）#0 DPI 提示在可以使用小数点的地址中省略小数点时被视为什么单位。

0：视为最小设定单位（标准型小数点输入）。

1：将其视为 mm、inch、度、s 的单位（计算器型小数点输入）。

（2）♯4 MAB 提示在 MDI 运转中，绝对/增量指令的切换。

0：取决于 G90/G91。

1：取决于参数 ABS（No. 3401♯5）。

注释：

若 T 系列的 G 代码体系为 A，本参数无效。

（3）♯5 ABS 提示将 MDI 运转中的程序指令视为何种指令。

0：视为增量指令。

1：视为绝对指令。

注释：

参数 ABS 在参数 MAB（No. 3401♯4）为 1 时有效。若 T 系列的 G 代码体系为 A，本参数无效。

（4）♯6 GSB 和♯7 GSC 设定 G 代码体系。

GSC	GSB	G 代码体系
0	0	G 代码体系为 A
0	1	G 代码体系为 B
1	0	G 代码体系为 C

4.2.5　任务训练

根据实验室现有设备情况设定相关参数，完成 FANUC CNC 系统的功能。

（1）记录设备规格参数见表 4－4。

表 4－4

名　称		内　容	
轴名 （根据设备实际情况选择）	车床用		
	铣床用		
快移速度			
设定单位			
检测单位			

（2）参数全清，记录报警号，并在表 4－5 中写下解决方法。

表 4－5

报警号	处 理 方 案	
	原因	
	解决方法	
	原因	
	解决方法	
	原因	
	解决方法	

续表

报警号	处 理 方 案	
	原因	
	解决方法	
	原因	
	解决方法	

4.2.6 任务考核

（1）与机床设定相关的参数设置。

（2）与阅读机/穿孔机接口相关的参数设置。

（3）与通道 1（I/O CHANNEL＝0）相关的参数设置。

（4）与 CNC 画面显示功能相关的参数设置。

4.3 与存储行程检测相关的参数设定

4.2

4.3.1 任务实施

1.

1300	♯7	♯6	♯5	♯4	♯3	♯2	♯1	♯0
	BFA	LZR	RL3			LMS	NAL	OUT

（1）♯0 OUT 提示在存储行程检测 2 中禁止区的设定范围。

0：将内侧设定为禁止区。

1：将外侧设定为禁止区。

（2）♯1 NAL 提示手动运行中，刀具进入存储行程限位 1 的禁止区域时是否报警。

0：发出报警，使刀具减速后停止。

1：不发出报警，相对 PMC 输出行程限位到达信号，使刀具减速后停止。

注释：

刀具通过自动运行中的移动指令进入存储行程限位 1 的禁止区域时，即使在将本参数设定为"1"的情况下，也会发出报警，并使刀具减速后停止。但是，即使在这种情况下也会相对 PMC 输出行程限位到达信号。

（3）♯2 LMS 提示将存储行程检测 1 切换信号 EXLM 设定是否有效。

0：无效。

1：有效。

参数 DLM（No.1301♯0）被设定为"1"时，存储行程检测 1 切换信号 EXLM ＜G007.6＞将无效。

（4）♯5 RL3 提示将存储行程检测 3 释放信号 RLSOT3 设定是否有效。

0：无效。

1：有效。

（5）＃6 LZR 提示"刚刚通电后的存储行程限位检测"有效〔参数 DOT（No. 1311＃0）＝"1"〕时，在执行手动参考点返回操作之前，是否进行存储行程检测。

0：予以进行。

1：不予进行。

（6）＃7 BFA 提示发生存储行程检测1、2、3的报警时，以及在路径间干涉检测功能（T 系列）中发生干涉报警时，以及在卡盘尾架限位（T 系列）中发生报警时，刀具的停止位置。

0：刀具在进入禁止区后停止。

1：刀具停在禁止区前。

2.	1301	＃7	＃6	＃5	＃4	＃3	＃2	＃1	＃0
		PLC	OTS		OF1		NPC		DLM

（1）＃0 DLM 提示将不同轴向存储行程检测切换信号＋EXLx 和－EXLx 设定为是否有效。

0：无效。

1：有效。

本参数被设定为"1"时，存储行程检测1切换信号 EXLM＜GO07＃6＞将无效。

（2）＃2 NPC 提示在移动前行程限位检测中，是否检查 G31（跳过）、G37〔刀具长度自动测量（M 系列）/自动刀具补偿（T 系列）〕的程序段的移动。

0：进行检查。

1：不进行检查。

（3）＃4 OF1 提示在存储行程检测1中，发生报警后轴移动到可移动范围时，是否解除报警。

0：在进行复位之前，不解除报警。

1：立即解除 OT 报警。

注释：

在下列情况下，自动解除功能无效。要解除报警，需要执行复位操作。

1）在超过存储行程限位前发生报警的设定〔参数 BFA（NO. 1300＃7）＝"1"〕时。

2）发生其他的超程报警（存储行程检测2、3，干涉检测等）时。

（4）＃6 OTS 提示发生超程报警时，是否向 PMC 输出信号。

0：不向 PMC 输出信号。

1：向 PMC 输出超程报警中信号。

（5）＃7 PLC 提示是否进行移动前行程检测。

0：不进行。

1：进行。

3.	1320	各轴的存储行程限位 1 的正方向坐标值 I
4.	1321	各轴的存储行程限位 1 的负方向坐标值 I

【数据单位】mm、inch、度（机械单位）。

【数据最小单位】取决于该轴的设定单位。

【数据范围】最小设定单位的 9 位数。

此参数为每个轴设定在存储行程检测 1 的正方向以及负方向的机械坐标系中的坐标值。

注释：

1）直径指定的轴，以直径值来设定。

2）用参数（No.1320、No.1321）设定的区域外侧为禁止区。

4.3.2 任务训练

进行存储行程检测相关参数的设定。

基本组参数	轴 号	设定值	含 义
1300			
1304			

4.4 与进给速度相关的参数设定

4.3

4.4.1 任务引入

数控机床运行中，因执行的指令、加工的曲面等不同，需要采用不同的进给速度，那么应该如何来设定这些不同的速度呢？

4.4.2 任务实施

1.	1401	#7	#6	#5	#4	#3	#2	#1	#0
			RDR	TDR	RFO		JZR	LRP	RPD

（1）#0 RPD 提示通电后参考点返回完成之前，是否将手动快速移动设定为有效。

0：无效。（成为 JOG 进给）

1：有效。

（2）#1 LRP 提示定位（G00）为何种插补型定位。

0：非直线插补型定位（刀具在快速移动下沿各轴独立地移动）。

1：直线插补型定位（刀具沿着直线移动）。

（3）♯2 JZR 提示是否通过 JOG 进给速度进行手动返回参考点操作。

0：不进行。

1：进行。

（4）♯4 RFO 提示快速移动时，切削进给速度倍率为0％的情况下，刀具是否停止移动。

0：刀具不停止移动。

1：刀具停止移动。

（5）♯5 TDR 提示在螺纹切削以及攻丝操作中（攻丝循环 G74、G84、刚性攻丝）是否将空运行设定为有效。

0：有效

1：无效。

（6）♯6 RDR 提示在快速移动指令中空运行是否有效。

0：无效。

1：有效。

2.	1402	#7	#6	#5	#4	#3	#2	#1	#0
					JRV			JOV	NPC

（1）♯0 NPC 提示是否使用不带位置编码器的每转进给［每转进给方式（G95）时，将每转进给 F 变换为每分钟进给 F 的功能］。

0：不使用。

1：使用。

注释：

在使用位置编码器时，将本参数设定为"0"。

（2）♯1 JOV 提示是否将 JOG 倍率设定为有效。

0：有效。

1：无效（被固定在100％上）。

（3）♯4 JRV 提示 JOG 进给和增量进给选择每分钟进给还是每转进给。

0：选择每分钟进给。

1：选择每转进给。

注释：

请在参数（No.1423）中设定进给速度。

3.	1403	#7	#6	#5	#4	#3	#2	#1	#0
		RTV		HTG	ROC				
				HTG					

（1）♯4 ROC 提示在螺纹切削循环 G92、G76 中，在螺纹切削完成后的回退动作中，快速移动倍率是否有效。

0：有效。

1：无效（倍率 100%）。

（2）♯5 HTG 提示螺旋插补的速度指令用何种切线速度来指定。

0：用圆弧的切线速度来指定。

1：用包含直线轴的切线速度来指定。

（3）♯7 RTV 提示螺纹切削循环回退操作中，快速移动倍率是否有效。

0：有效。

1：无效。

4.	1404	#7	#6	#5	#4	#3	#2	#1	#0
		FCO					FM3	DLF	
		FCO						DLF	

（1）♯1 DLF 提示参考点建立后的手动返回参考点操作。

0：在快速移动速度［参数（No. 1420）］下定位到参考点。

1：在手动快速移动速度［参数（No. 1424）］下定位到参考点。

注释：

此参数用来选择使用无挡块参考点设定功能时的速度，同时还用来选择通过参数 SJZ（No. 0002♯7）在参考点建立后的手动返回参考点操作中，不用减速挡块而以快速移动方式定位到参考点时的速度。

（2）♯2 FM3 提示每分钟进给时，不带小数点的 F 指令的设定单位。

0：1mm/min（英制输入时为 0.01inch/min）。

1：0.001mm/min（英制输入时为 0.00001inch/min）。

（3）♯7 FCO 提示自动运行中，进给速度的指令（F 指令）为 0 的切削进给的程序段（G01、G2、G3 等）被指令时是否报警。

0：发生报警（PS0011）。

1：不发生报警（PS0011），而在进给速度 0 下执行该程序段。

注释：

本参数在反比时间进给（G93）方式中无效。将本参数 FCO 由"1"改设为"0"时，在参数 CLR（No. 3402♯6）为"1"时，请进行复位。CLR 为"0"时，重新通电。

5.	1405	#7	#6	#5	#4	#3	#2	#1	#0
				EDR			PCL		
				EDR			PCL	FR3	

（1）♯1 FR3 提示每转进给时的不带小数点的 F 指令的设定单位。

0：0.01 mm/rev（英制输入时为 0.0001inch/rev）。

1：0.001 mm/rev（英制输入时为 0.00001inch/rev）。

（2）♯2 PCL 提示是否使用不带位置编码器的周速恒定控制功能。

0：不使用。

1：使用。

注释：

1）请将周速恒定控制置于有效［参数 SSC（No.8133♯0）＝"1"］。

2）将本参数设定为"1"时，请将参数 NPC（No.1402♯0）设定为"0"。

（3）♯5 EDR 提示直线插补型定位时的外部减速速度。

0：使用切削进给时的外部减速速度。

1：使用快速移动时的外部减速速度的第 1 轴。

就拿外部减速 1 来说：

本参数位为"0"时，参数（No.1426）成为外部减速 1 的外部减速速度。

本参数位为"1"时，参数（No.1427）的第 1 轴成为外部减速 1 的外部减速速度。

6.	1406	♯7	♯6	♯5	♯4	♯3	♯2	♯1	♯0
								EX3	EX2
		F10						EX3	EX2

（1）♯0 EX2 提示外部减速功能设定 2 是否有效。

0：无效。

1：有效。

（2）♯1 EX3 提示外部减速功能设定 3 是否有效。

0：无效。

1：有效。

（3）♯7 F10 提示相对于 F1 位进给（F1～F9）的切削进给速度，进给速度倍率、倍率取消是否有效。

0：无效。

1：有效。

注释：

相对于 F0 的进给速度，快速移动倍率有效而与本参数的设定无关。

7.	1410	空运行速度

【数据单位】mm/min、inch/min、度/min（机械单位）。

【数据最小单位】取决于参考轴的设定单位（若是 IS－B，其范围为 0.0～＋999000.0）。

此参数设定 JOG 进给速度指定度盘的 100％位置的空运行速度。数据单位取决于参考轴的设定单位。

8.	1411	切削进给速度

【数据单位】mm/min、inch/min、度/min（输入单位）。

【数据最小单位】取决于参考轴的设定单位。

【数据范围】见标准参数设定表（C）（若是 IS-B，其范围为 0.0～＋999000.0）。

由于是不怎么需要在加工中改变切削进给速度的机械，所以可通过参数来指定切削进给速度。由此，就不需要在 NC 指令数据中指定切削进给速度（F 代码）。

在接通电源时，或者通过复位等 CNC 处在清除状态［参数 CLR（No. 3402♯6）＝"1"］后、通过程序指令（F 指令）指令进给速度之前的期间，本参数中设定的进给速度有效。通过 F 指令指定了进给速度的情况下，该进给速度有效。有关清除状态，请参阅用户手册（B-64304CM）的附录。

9.	1420	各轴的快速移动速度

【数据单位】mm/min、inch/min、度/min（机械单位）。

【数据最小单位】取决于该轴的设定单位。

【数据范围】见标准参数设定表（C）（若是 IS-B，其范围为 0.0～＋999000.0）。

此参数为每个轴设定快速移动倍率为 100％时的快速移动速度。

10.	1421	每个轴的快速移动倍率的 F0 速度

【数据单位】mm/min、inch/min、度/min（机械单位）。

【数据最小单位】取决于该轴的设定单位。

【数据范围】见标准参数设定表（C）（若是 IS-B，其范围为 0.0～＋999000.0）。

此参数为每个轴设定快速移动倍率的 F0 速度。

11.	1423	每个轴的 JOG 进给速度

【数据单位】mm/min、inch/min、度/min（机械单位）。

【数据最小单位】取决于该轴的设定单位。

【数据范围】见标准参数设定表（C）（若是 IS-B，其范围为 0.0～＋999000.0）。

参数 JRV（No. 1402♯4）＝"0"时，为每个轴设定手动进给速度倍率为 100％时的 JOG 进给速度（每分钟的进给量）。

设定参数 JRV（No. 1402♯4）＝"1"（每转进给）时，为每个轴设定手动进给速度倍率为 100％时的 JOG 进给速度（主轴转动一周的进给量）。

注释：

本参数分别被每个轴的手动快速移动速度［参数（No. 1424）］钳制起来。

12.	1424	每个轴的手动快速移动速度

【数据单位】mm/min、inch/min、度/min（机械单位）。

【数据最小单位】取决于该轴的设定单位。

【数据范围】见标准参数设定表（C）（若是 IS-B，其范围为 0.0～+999000.0）。

此参数为每个轴设定快速移动倍率为 100％时的手动快速移动速度。

注释：

1) 设定值为"0"时，视为与参数（No.1420）（各轴的快速移动速度）相同。

2) 选择了手动快速移动时［参数 RPD（No.1401♯0＝"1"）］，不管参数 JRV（No.1402♯4）的设定如何，都会按照本参数中所设定的速度执行手动进给。

13.	1425	每个轴的手动反回参考点的 FL 速度

【数据单位】mm/min、inch/min、度/min（机械单位）。

【数据最小单位】取决于该轴的设定单位。

【数据范围】见标准参数设定表（C）（若是 IS-B，其范围为 0.0～+999000.0）。

此参数为每个轴设定参考点返回时减速后的进给速度（FL 速度）。

14.	1426	切削进给时的外部减速速度

【数据单位】mm/min、inch/min、度/min（机械单位）。

【数据最小单位】取决于该轴的设定单位。

【数据范围】见标准参数设定表（C）（若是 IS-B，其范围为 0.0～+999000.0）。

此参数设定切削进给或者直线插补型定位（G00）时的外部减速速度。

15.	1427	每个轴的快速移动时的外部减速速度

【数据单位】mm/min、inch/min、度/min（机械单位）。

【数据最小单位】取决于该轴的设定单位。

【数据范围】见标准参数设定表（C）（若是 IS-B，其范围为 0.0～+999000.0）。

此参数为每个轴设定快速移动时的外部减速速度。

16.	1428	每个轴的参考点返回速度

【数据单位】mm/min、inch/min、度/min（机械单位）。

【数据最小单位】取决于该轴的设定单位。

【数据范围】见标准参数设定表（C）（若是 IS-B，其范围为 0.0～+999000.0）。

此参数设定采用减速挡块的参考点返回的情形、或在尚未建立参考点的状态下参考点返回情形下快速移动速度。

该参数被作为参考点建立前自动运行的快速移动指令（G00）时的进给速度使用。

注释：

1) 针对此速度，应用快速移动倍率（F0，25，50，100％），其设定值为 100％。

2) 参考点返回完成、机械坐标系建立之后的自动返回速度，随通常的快速移动速度而定。

3）参考点返回后建立机械坐标系之前的手动快速移动速度，可以根据参数 RPD No.1401♯0 选择 JOG 进给速度或者手动快速移动速度，见表 4-6。

表 4-6　　　　　　　　　　　坐标系建立前后参数（一）

	坐标系建立以前	坐标系建立以后
自动返回参考点（G28）	No.1428	No.1420
自动快速移动（G00）	No.1428	No.1420
手动返回参考点①	No.1428	No.1428③
手动快速移动	No.1423②	No.1424

① 可以通过参数 JZR（No.1401♯2），始终将手动返回参考点时的速度设定为 JOG 进给速度。
② 当参数 RPD（No.1401♯0）为"1"时，成为参数（No.1424）的设定值。
③ 在以快速移动方式与减速挡块无关地进行无挡块参考点返回操作、或建立参考点后的手动返回参考点操作时，将被设定为基于这些功能的手动返回参考点速度［随参 LF（No.1404♯1）而定］。

4）数（No.1428）的设定值为"0"时，各自的速度成为如表 4-7 所示的参数设定值。

表 4-7　　　　　　　　　　　坐标系建立前后参数（二）

	坐标系建立以前	坐标系建立以后
自动返回参考点（G28）	No.1420	No.1420
自动快速移动（G00）	No.1420	No.1420
手动返回参考点①	No.1424	No.1424③
手动快速移动	No.1423②	No.1424

注　1420：快速移动速度。
　　1423：JOG 进给速度（JOG 进给速度）。
　　1424：手动快速移动速度。
①②③　含义同表 4-6。

17.	1430	每个轴的最大切削进给速度

【数据单位】mm/min、inch/min、度/min（机械单位）。
【数据最小单位】取决于该轴的设定单位。
【数据范围】见标准参数设定表（C）（若是 IS-B，其范围为 0.0～+999000.0）。
此参数为每个轴设定最大切削进给速度。

18.	1432	插补前加/减速方式中每个轴的最大切削进给速度

【数据单位】mm/min、inch/min、度/min（机械单位）。
【数据最小单位】取决于该轴的设定单位。
【数据范围】见标准参数设定表（C）（若是 IS-B，其范围为 0.0～+999000.0）。
此参数为每个轴设定先行控制/AI 先行控制/AI 轮廓控制等插补前加/减速方式中的最大切削进给速度。在非插补前加/减速方式中的情形下，参数（No.1430）中所设定的钳制有效。

19.	1434	每个轴的手动手轮进给的最大进给速度

【数据单位】mm/min、inch/min、度/min（机械单位）。

【数据最小单位】取决于该轴的设定单位。

【数据范围】见标准参数设定表（C）（若是 IS－B，其范围为 $0.0\sim+999000.0$）。

手动手轮进给速度切换信号 HNDLF＜Gn023.3＞＝"1"时，对每个轴设定手动手轮进给的最大进给速度。

20.	1450	F1 位进给的手摇脉冲发生器旋转每一刻度时进给速度的变化量

【数据范围】$1\sim127$

F1 位进给时，设定用来确定手摇脉冲发生器旋转每一刻度时进给速度的变化量的常数。

$$\Delta F = \frac{F_{maxi}}{100n}\text{（其中 } i=1，2\text{）}$$

设定上式的 n。即设定使手摇脉冲发生器旋转多少周时进给速度成为 F_{maxi}。

上式中 F_{maxi} 为 F1 位指令的进给速度上限值，设定在参数（No.1460、1461）中。

F_{max1}：F1～F4 的进给速度上限值［参数（No.1460）］。

F_{max2}：F5～F9 的进给速度上限值［参数（No.1461）］。

21.	1466	执行螺纹切削循环 G92、G97 回退动作时的进给速度

【数据单位】mm/min、inch/min、度/min（机械单位）。

【数据最小单位】取决于该轴的设定单位。

【数据范围】见标准参数设定表（C）（若是 IS－B，其范围为 $0.0\sim+999000.0$）。

在螺纹切削循环 G92、G76 中，完成螺纹切削后执行回退动作。此参数设定该回退动作的进给速度。

注释：

参数 CFR（No.1611♯0）被设定为"1"的情况下，或者本参数的设定值为"0"时，使用参数（No.1420）的进给速度。

4.4.3　任务训练

与进给速度相关的参数设定，见表 4－8。

表 4－8　　　　　　　　与进给速度相关的参数设定

基本组参数	轴　号	设定值	含　义
1401			

续表

基本组参数	轴 号	设定值	含 义
1402			
1403			
1404			
1405			
1406			
1410			
1411			
1420			
1421			
1423			
1424			
1425			
1426			
1427			
1428			
1430			

4.5　与伺服相关的参数设定

4.5.1　任务实施

4.4

1.	1815	♯7	♯6	♯5	♯4	♯3	♯2	♯1	♯0
			RONx	APCx	APZx	DCRx	DCLx	OPTx	RVSx

注释：

在设定完此参数后，需要暂时切断电源。

（1）♯0 RVSx 提示使用没有转速数据的直线尺的旋转轴 B 类型，可动范围在一转以上的情况下，是否通过 CNC 来保存转速数据。

0：不予保存。

1：予以保存。

（2）♯1 OPTx 作为位置检测器，提示是否使用分离式脉冲编码器。

0：不使用分离式脉冲编码器。

1：使用分离式脉冲编码器。

注释：

使用带有参考标记的直线尺、或者带有绝对地址原点的直线尺（全闭环系统）时，将参数值设定为"1"。

（3）♯2 DCLx 作为分离式位置检测器，提示是否使用带有参考标记的直线尺、或者带有绝对地址原点的直线尺。

0：不使用。

1：使用。

（4）♯3 DCRx 作为带有绝对地址参考标记的直线尺，提示是否使用带有绝对地址参考标记的旋转式编码器。

0：不使用带有绝对地址参考标记的旋转式编码器。

1：使用带有绝对地址参考标记的旋转式编码器。

注释：

在使用带有绝对地址参考标记的旋转式编码器时，请将参数 DCLx（No. 1815 ♯2）也设定为"1"。

（5）♯4 APZx 作为位置检测器提示使用绝对位置检测器时，机械位置与绝对位置检测器之间的位置对应关系。

0：尚未建立。

1：已经建立。

使用绝对位置检测器时，在进行第 1 次调节时或更换绝对位置检测器时，务须将其设定为"0"，再次通电后，通过执行手动返回参考点等操作进行绝对位置检测器的原点设定。由此，完成机械位置与绝对位置检测器之间的位置对应，此参数即被自动设定为"1"。

（6）♯5 APCx 提示位置检测器是否为绝对位置检测器。

0：绝对位置检测器以外的检测器。

1：绝对位置检测器（绝对脉冲编码器）。

（7）♯6 RONx 提示在旋转轴 A 类型中，是否使用没有转速数据的直线尺绝对位置检测。

0：不使用。

1：使用。

2.	1820	每个轴的指令倍乘比（CMR）

注释：

在设定完此参数后，需要暂时切断电源。

【数据范围】参阅下列内容：

此参数为每个轴设定表示最小移动单位和检测单位之比的指令倍乘比。

最小移动单位＝检测单位×指令倍乘比

关于指令倍乘比（CMR）、检测倍乘比（DMR）和参考计数器容量的设定值如图 4－5 所示。

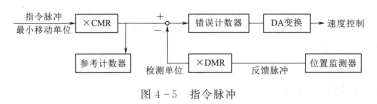

图 4 - 5 指令脉冲

设定 CMR 和 DMR 的倍率，以使错误计数器的正输入（来自 CNC 的指令）和负输入（来自检测器的反馈）的脉冲权重相同。

最小移动单位/CMR＝检测单位＝反馈脉冲的单位/DMR

最小移动单位：CNC 发给机械的指令的最小单位。

检测单位：可以检测机械位置的最小单位。

反馈脉冲的单位根据检测器的种类而不同。

反馈脉冲的单位＝脉冲编码器转动一周的移动量/脉冲编码器转动一周的脉冲数

参考计数器的容量指定为执行栅格方式的参考点返回的栅格间隔。

参考计数器的容量＝栅格间隔/检测单位

栅格间隔＝脉冲编码器转动一周的移动量

指令倍乘比的设定值如下所示：

指令倍乘比为 1/27～1 时，设定值＝1/指令倍乘比＋100，数据范围：101～127。

指令倍乘比为 0.5～48 时，设定值＝2×指令倍乘比，数据范围：1～96。

注释：

1）进给速度比通过下式求取的速度更大时，在某些情况下会导致移动量不正确，或伺服报警的发生。务须在不超过通过下式计算出来的进给速度范围内使用。

$$F_{max}(mm/min)=196602\times104\times最小移动单位/CMR$$

2）FSOi - C 的情况下，为实现指令直径指定的轴的移动量，不仅需要设定参数 DIAx（No.1006♯3），还需要进行如下两个中任一个的变更：①将指令倍乘比（CMR）设定为 1/2（检测单位不变）；②将检测单位设定为 1/2，将柔性进给齿轮（DMR）设定为 2 倍。

相对于此，FSOi - D 的情况下，只要设定参数 DIAx（No.1006♯3），CNC 就会将指令脉冲本身设定为 1/2，所以无须进行上述变更（不改变检测单位的情形）。

另外，在将检测单位设定为 1/2 的情况下，将 CMR 和 DMR 都设定为 2 倍。

3.	1821	每个轴的参数计数器容量

注释：

在设定完此参数后，需要暂时切断电源。

【数据范围】0～999999999

此参数设定参数计数器的容量。

参数计数器的容量指定为执行栅格方式的参考点返回的栅格间隔。设定值小于 0 时，将其视为 10000。

在使用附有绝对地址参考标记的直线尺时，设定标记 1 的间隔。

4.	1825	每个轴的伺服环增益

【数据单位】0.01/s

【数据范围】1～9999

此参数为每个轴设定位置控制的环路增益。

若是进行直线和圆弧等插补（切削加工）的机械，请为所有轴设定相同的值。若是只要通过定位即可的机械，也可以为每个轴设定不同的值。越是为环路增益设定较大的值，其位置控制的响应就越快，而设定值过大，将会影响伺服系统的稳定。

位置偏差量（积存在错误计数器中的脉冲）和进给速度的关系为

$$位置偏差量=进给速度/(60\times环路增益)$$

单位：位置偏差量 mm、inch 或度；进给速度 mm/min、inch/min 或度/min；环路增益 1/s。

5.	1826	每个轴的到位宽度

【数据范围】0～99999999

此参数为每个轴设定的到位宽度。

机械位置和指令位置的偏离（位置偏差量的绝对值）比到位宽度还要小时，假定机械已经达到指令位置，即视其已经到位。

6.	1827	每个轴切削进给时的到位宽度

【数据范围】0～99999999

此参数为每个轴设定的切削进给时的到位宽度。

本参数使用于参数 CCI（No.1801 ♯4）＝"1"的情形。

7.	1828	每个轴移动中的位置偏差极限值

【数据范围】0～99999999

此参数为每个轴设定的移动中的位置偏差极限值。

移动中位置偏差量超过移动中的位置偏差量极限值时，发出伺服报警（SVO411），操作瞬时停止（与紧急停止时相同）。

通常情况下为快速移动时的位置偏差量设定一个具有余量的值。

8.	1829	每个轴停止时的位置偏差极限值

【数据范围】0～99999999

此参数为每个轴设定的停止时的位置偏差极限值。

停止中位置偏差量超过停止时的位置偏差量极限值时，发出伺服报警（SV0410），操作瞬时停止（与紧急停止时相同）。

9.	1851	每个轴的反向间隙补偿量

【数据范围】－9999～9999

此参数为每个轴设定的反向间隙补偿量。

通电后，当刀具沿着与参考点返回方向相反的方向移动时，执行最初的反向间隙补偿。

10.	2021	负载惯量比

【数据范围】0～32767

此参数为（负载惯量/电机惯性）×256。

串联控制的情况下为（负载惯量/电机惯性）×256/2。

请为主控轴和从控轴设定相同的值。

11.	2022	电机的旋转方向

注释：

在设定完此参数后，需要暂时切断电源。

【数据范围】－111，111

设定电机的旋转方向。

从脉冲电机侧看，沿顺时针方向旋转时设定 111，沿逆时针方向旋转时设定－111。

4.5.2 任务训练

根据实验室现有设备情况完成如下图表的填写与参数设定。

1. FSSB 连接

记录实验室设备 FSSB 连接情况，将相关数据填到图 4-6 的空格中。

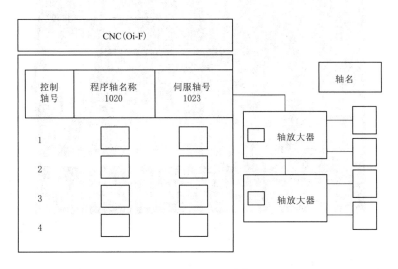

图 4-6 FSSB 连接

数据记录完毕之后，设定参数 1023，重启系统，完成 FSSB 设定。

2. 伺服初始化设定

记录实验室设备的电机和工作台结构数据，填入图 4-7。

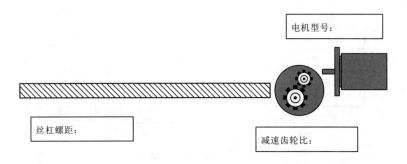

图 4-7 电机和工作台结构数据

按照案例分析的步骤计算伺服设定的各参数，按照实验室设备的实际轴数，填写相关数据到图 4-8 中，如无相关轴，则跳过该轴设定。

3. 伺服参数设定

进入"参数设定支援"页面的"伺服设定"菜单，将相关数据进行设定。

重启系统，参数生效。

按照图 4-9 检验 X 轴伺服参数设定的正确性。

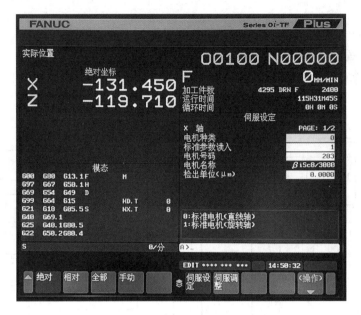

图 4 - 8　伺服设定画面

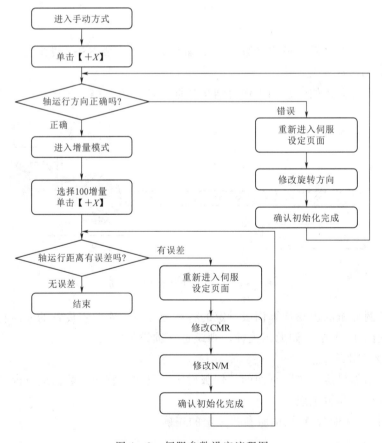

图 4 - 9　伺服参数设定流程图

4. 与伺服相关的参数设定，见表 4－9。

表 4－9　　　　　　　　　　**与伺服相关的参数设定**

基本组参数	轴　号	设定值	含　义
1815			
1820			
1825			
1826			
1827			
1828			
1829			
1851			
2021			
2022			

4.6　与显示和编辑相关的参数

4.6.1　任务实施

1.

3100	＃7	＃6	＃5	＃4	＃3	＃2	＃1	＃0
							CEM	

＃1 CEM 提示帮助画面、操作履历画面上的对应 CE 标记的 MDI 键的显示

0：以键名称方式予以显示。

1：以符号方式予以显示。

2.

3101	＃7	＃6	＃5	＃4	＃3	＃2	＃1	＃0
	SBA						KBF	
							KBF	

4.5

（1）♯1 KBF 提示在进行画面切换和方式切换时，是否擦除键入缓冲器中的数据。

0：予以擦除。

1：不予擦除。

（2）♯7 SBA 提示 2 路径控制中，当前位置显示画面的显示顺序。

0：以路径 1、路径 2 的顺序显示。

1：以路径 2、路径 1 的顺序显示。

3.	3104	#7	#6	#5	#4	#3	#2	#1	#0
		DAC		DRC		PPD			MCN
		DAC	DAL	DRC	DRL	PPD			MCN

（1）♯0 MCN 提示机械位置显示。

0：公制机械以毫米为单位显示，英制机械以英寸为单位显示，与公制输入/英制输入无关。

1：公制输入时以公制单位显示，英制输入时以英制单位显示。

（2）♯3 PPD 提示是否根据坐标系设定预置相对位置显示。

0：不进行预置。

1：进行预置。

注释：

PPD 为 1 时，在执行如下操作时，相对位置显示和绝对位置显示均被预置为相同的值。

1）手动返回参考点。

2）基于 G92（T 系列的 G 代码体系 A 时为 G50）的坐标系设定。

3）基于 G92.1（T 系列的 G 代码体系 A 时为 G50.3）的坐标系预置。

4）T 系列的 T 代码指令。

（3）♯4 DRL 提示相对位置显示。

0：显示出考虑了刀具长度补偿的实际位置。

1：显示出排除刀具长度补偿的程序位置。

注释：

T 系列的情况下，有关排除了刀具位置偏置的相对位置显示，随参数 DRP（No. 3129♯0）的设定而定。

（4）♯5 DRC 提示相对位置显示。

0：不排除在刀具半径补偿和刀尖半径补偿下的移动量的值予以显示。

1：以排除了在刀具半径补偿和刀尖半径补偿下的移动量的值（编程位置）予以显示。

（5）♯6 DAL 提示绝对位置显示。

0：显示出考虑了刀具长度补偿的实际位置。

1：显示出排除刀具长度补偿的程序位置。

注释：

T 系列的情况下，有关排除了刀具位置偏置的绝对位置显示，随参数 DAP（No.3129♯1）的设定而定。

（6）♯7 DAC 提示绝对位置显示。

0：不排除在刀具半径补偿和刀尖半径补偿下的移动量的值予以显示。

1：以排除了在刀具半径补偿和刀尖半径补偿下的移动量的值（编程位置）予以显示。

4.	3105	♯7	♯6	♯5	♯4	♯3	♯2	♯1	♯0
							DPS	PCF	DPF

（1）♯0 DPF 提示是否显示实际速度。

0：不予显示。

1：予以显示。

（2）♯1 PCF 提示是否将 PMC 控制轴的移动加到实际速度显示。

0：加上去。

1：不加上去。

（3）♯2 DPS 提示是否显示实际主轴转速、T 代码。

0：不予显示。

1：予以显示。

5.	3106	♯7	♯6	♯5	♯4	♯3	♯2	♯1	♯0
				SOV	OPH				

（1）♯4 OPH 提示是否显示操作履历画面。

0：不予显示。

1：予以显示。

（2）♯5 SOV 提示是否显示主轴倍率值。

0：不予显示。

1：予以显示。

注释：

参数 DPS（No.3105♯2）为 1 时，设定值有效。

6.	3108	♯7	♯6	♯5	♯4	♯3	♯2	♯1	♯0
		JSP	SLM		WCI		PCT		

（1）♯2 PCT 提示程序检查画面等的模态 T 的显示。

0：显示所指令的 T 值。

1：显示 HD.T、NX.T。

（2）♯4 WCI 提示在工件坐标系画面上，计数器输入是否有效。

0：无效。

1：有效。

（3）♯6 SLM 提示是否显示主轴负载表。

0：不予显示。

1：予以显示。

注释：

1）只有在参数 DPS（No.3105♯2）为 1 时，该参数有效。

2）只有在串联主轴时有效。

（4）♯7 JSP 提示是否在当前位置显示画面和程序检查画面上显示 JOG 进给速度或者空运行速度。

0：不予显示。

1：予以显示。

手动运行方式时，显示 JOG 进给速度，自动运行方式时，显示空运行速度。两者都显示应用了手动进给速度倍率的速度。

	3111	♯7	♯6	♯5	♯4	♯3	♯2	♯1	♯0
7.		NPA	OPS	OPM			SVP	SPS	SVS

（1）♯0 SVS 提示是否显示用来显示伺服设定画面的软键。

0：不予显示。

1：予以显示。

（2）♯1 SPS 提示是否显示用来显示主轴设定画面的软键。

0：不予显示。

1：予以显示。

（3）♯2 SVP 提示主轴调整画面显示的主轴同步误差。

0：显示出瞬时值。

1：显示峰值保持值。

主轴同步误差显示在主轴同步控制中的成为从控轴的主轴一侧。

（4）♯5 OPM 提示是否进行操作监视显示。

0：不予进行。

1：予以进行。

（5）♯6 OPS 提示操作监视画面的速度表上显示主轴速度还是主轴电机速度。

0：显示出主轴电机速度。

1：显示出主轴速度。

（6）♯7 NPA 提示是否在报警发生时以及操作信息输入时切换到报警/信息画面。

0：予以切换。

1：不予切换。

注释：

带有 MANUAL GUIDEi 的情况下，需要将参数 NPA（No. 3111♯7）设定为 0 ［将参数 NPA（No. 3111♯7）设定为 1 时，通电时会有警告消息显示］。

8.	3112	♯7	♯6	♯5	♯4	♯3	♯2	♯1	♯0
						EAH	OMH		

（1）♯2 OMH 提示是否显示外部操作信息履历画面。

0：不予显示。

1：予以显示。

（2）♯3 EAH 提示是否在报警和操作履历中登录外部报警/宏报警的信息。

0：不予登录。

1：予以登录。

注释：

本参数只有在参数 HAL（No. 3196♯7）＝0 的情况下有效。

9.	3114	♯7	♯6	♯5	♯4	♯3	♯2	♯1	♯0
			ICU	IGR	IMS	ISY	IOF	IPR	IPO

（1）♯0 IPO 提示在显示当前位置的过程中按下功能键 POS 时，是否切换画面。

0：切换画面。

1：不切换画面。

（2）♯1 IPR 提示在显示程序画面的过程中按下功能键 PROG 时，是否切换画面。

0：切换画面。

1：不切换画面。

（3）♯2 IOF 提示在显示偏置和设定画面的过程中按下功能键 OFSSET 时，是否切换画面。

0：切换画面。

1：不切换画面。

（4）♯3 ISY 提示在显示系统画面的过程中按下功能键 SYSTEM 时，是否切换画面。

0：切换画面。

1：不切换画面。

（5）♯4 IMS 提示在显示信息画面的过程中按下功能键 MESSAGE 时，是否切换画面。

0：切换画面。

1：不切换画面。

（6）♯5 IGR 提示在显示图形画面的过程中按下功能键 GRAPH 时，是否切换画面。

0：切换画面。

1：不切换画面。

（7）♯6 ICU 提示在显示用户自定义画面的过程中按下功能键 CUSTOM 时，是否切换画面。

0：切换画面。

1：不切换画面。

10.	3115	♯7	♯6	♯5	♯4	♯3	♯2	♯1	♯0
						NDFx		NDAx	NDPx

（1）♯0 NDPx 提示是否进行当前位置显示。

0：予以进行。

1：不予进行。

注释：

在使用电子齿轮箱功能（EGB）（M 系列）时，为 EGB 的虚设轴设定 1，使其不进行位置显示。

（2）♯1 NDAx 提示是否进行绝对坐标和相对坐标中的当前位置以及待走量的显示。

0：予以进行。

1：不予进行。

（3）♯3 NDFx 提示在实际速度显示的计算中，是否考虑所选轴的移动速度。

0：予以考虑。

1：不予考虑。

11.	3116	♯7	♯6	♯5	♯4	♯3	♯2	♯1	♯0
		MDC	T8D				PWR		

（1）♯2 PWR 提示将参数 PWE（No. 8900♯0）设定为 1 时发生的报警 SWO100（参数写入开关处于打开）通过何种方式清除。

0：通过"CAN" ＋ "RESET"操作来清除。

1：通过"RESET"操作、或者外部复位 ON 来清除。

（2）♯6 T8D 提示 T 代码显示位数。

0：以 4 位数进行显示。

1：以 8 位数进行显示。

（3）♯7 MDC 提示能否擦除全部维修信息数据。

0：不能够擦除。

1：能够擦除。

12.	3123	屏幕保护启动时间

【数据单位】min

【数据范围】0～127

如果在参数（No.3123）中所设定的时间（min）内没有进行按键操作，则自动擦除 NC 画面，通过按下按键来重新显示 NC 画面。

注释：

1）在本参数中设定 0 时，自动画面擦除将无效。

2）不能与手动画面擦除同时使用。在本参数中设定 1 以上的数值时，手动画面擦除将无效。

13.	3208	♯7	♯6	♯5	♯4	♯3	♯2	♯1	♯0
				PSC					SKY
									SKY

（1）♯0 SKY 提示 MDI 面板的功能键 SYSTEM 是否有效。

0：有效。

1：无效。

（2）♯5 PSC 提示基于路径切换信号切换路径时的显示画面。

0：作为该路径切换到最后所选的画面。

1：显示与切换前的路径相同的画面。

14.	3281	显示语言

【数据范围】0～17

选择显示语言见表 4－10。

表 4－10　　　　显　示　语　言

数据	语言	数据	语言	数据	语言
0	英语	6	韩国语	12	匈牙利语
1	日语	7	西班牙语	13	瑞典语
2	德语	8	荷兰语	14	捷克语
3	法语	9	丹麦语	15	中文（简体字）
4	中文（繁体字）	10	葡萄牙语	16	俄语
5	意大利语	11	波兰语	17	土耳其语

设定上述以外的编号时，显示语言为英语。

15.	3299	♯7	♯6	♯5	♯4	♯3	♯2	♯1	♯0
									PKY

♯0 PKY 提示如何进行"写参数"的设定

0：在设定画面上进行设定［设定参数 PWE（No.8900♯0）］。

1：通过存储器保护信号 KEYP＜GO46.0＞进行设定。

4.6.2　任务训练

基本组参数	轴　　号	设定值	含　　义
3100			
3101			
3104			
3105			
3106			
3108			
3111			
3112			
3114			
3115			
3116			
3123			
3208			
3281			
3299			

4.6.3　任务考核

在数控系统设置与显示和编辑相关参数设定。

项目5

数控系统的硬件连接

任务导入

数控系统硬件连接是数控系统运行的基础，必须正确连接才能保证系统的正常运行。本项目任务要学会 FANUC 数控系统硬件，连接包括电源接口、控制卡在内的各类设备。FANUC 数控装置的接口数控系统通常包括数控装置、进给伺服、主轴驱动、电源装置、I/O Link 模块等。

知识目标：

(1) 掌握 FANUC 数控系统的 FSSB 的硬件连接。

(2) 了解 FANUC 数控系统的 I/O Link 的硬件连接。

(3) 能够进行 FANUC 数控系统的伺服放大器的硬件连接。

(4) 能够进行 FANUC 数控系统的主轴硬接线连接。

素养目标：

(1) 培养理论联系实际的工作作风。

(2) 激发学生在学习过程中的自主探究精神。

(3) 掌握先进技术，培养综合应用国外先进数控技术的能力。

(4) 懂得运用科学的方法，分析解决数控系统硬件连接的实际问题，提高职业素养。

相关知识准备

5.1

5.1 硬件介绍

FANUC Oi-F 系统高度集成，如图 5-1 所示的 FANUC Oi-F 系统配置图，数控系统、PMC、显示器、MDI 面板集成一体。它通过 FSSB 总线实现伺服的控制，通过 I/O Link 实现对输入输出模块的管理；可以实现数字主轴和模拟主轴的控制，还可以通过网络接口、RS-232 接口、USB 接口进行数据交换。

5.2

5.3

数控系统主板主要提供以下功能：系统电源，主 CPU，系统软件、宏程序梯形图及参数的存储，PMC 控制，I/O Link 控制，伺服及主轴控制，MDI 及显示控制等。

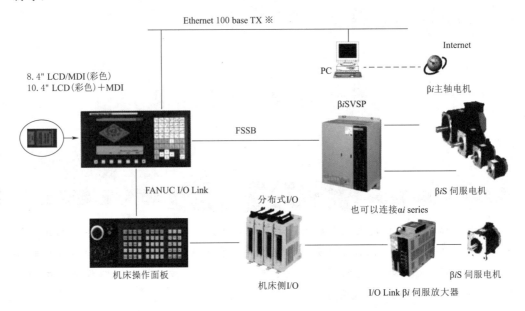

图 5-1   FANUC Oi-F 系统配置图

数控系统通信是指通过特定的传输协议和接口标准，实现数控系统与外部设备之间的数据交换和信息共享，FANUC 数控系统及各接口含义，如图 5-2 所示。通信具有高效、稳定、可靠、安全的特点，能够满足实时性要求，支持多种传输介质和通信协议。

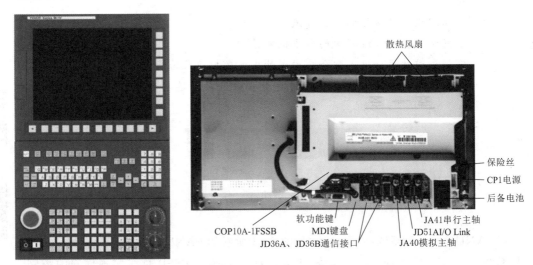

图 5-2   FANUC 数控系统及各接口含义

数控系统的数据输入输出接口主要负责数控编程的输入和机床实际加工数据的输出，以及对设备参数的设置和控制。数据输入方面，可以通过数字雕刻机、计算机等设备向数控系统发送数控程序，实现加工工件的精确控制；数据输出方面，则可以通过接口将机床实时数据传回计算机，实现工艺参数的显示、存储、分析和管理工作。

现代化数控系统还具备了强大的通信接口，不仅可以实现远程控制、监视、故障诊断，机床性能远程监控等不同功能，还能够支持多种通信协议，包括 CAN、PRO-FIBUS、ETHERNET 和 USB 等。

在实际生产加工中，数控系统还需要执行许多外部设备控制的功能，例如气动、液压元件的控制，以及传感器等外部设备的实时监测。此外，还需要支持多种驱动、逆变等设备，实现机械运动控制的精确化和高效化，FANUC Oi - TF 数控系统接口及用途见表 5 - 1。

表 5 - 1　　　　　　　　　　　FANUC Oi - TF 数控系统接口

序号	端口号	用　途
1	COP10A	伺服 FSSB 总线接口，此口为光缆口
2	CD38A	以太网接口（Oi mate TD）
3	CA122	系统软键信号接口
4	JA2	系统 MDI 键盘接口
5	JD36A/JD36B	RS - 232 串行接口 1/2
6	JA40	模拟主轴信号接口/高速跳转信号接口
7	JD51A	I/O Link 总线接口
8	JA41	串行主轴接口/主轴独立编码器接口
9	CP1	系统电源输入（DC24V）

风扇、电池、软键、MDI 等在系统出厂时均已连接好，不用改动，但要检查在运输的过程中是否有地方松动，如果有，则需要重新连接牢固，以免出现异常现象。

CP1 为系统电源接口（DC 24V）、CD38A 为以太网网线接口、COP10A 为 FSSB 接口、JA2 为 MDI 接口、JD36A 和 JD36B 为 RS - 232 接口、JA40 为模拟主轴指令接口、JD51A 为 I/O Link 接口、JA41 为主轴编码器接口（对于模拟主轴来说）。对于串行主轴来说，主轴指令信号来自 JA41，而 JA40 空着。模拟主轴与串行主轴指令信号的区别如图 5 - 3 所示。

FANUC Oi - F 接口框图如图 5 - 3 所示，展示了数控系统与外部的接口关系。

模拟主轴 JA41 连接的是脉冲编码器，JA40 连接的是主轴指令信号。

串行主轴 JA41 连接的是主轴指令信号，JA40 空。

光缆连接（FSSB 总线）：FANUC 的 FSSB 总线采用光缆通信，如图 5 - 4 所示，在硬件连接方面，遵循从 A 到 B 的规律，即 COP10A 为总线输出，COP10B 为总线输入，需要注意的是光缆在任何情况下不能硬折，以免损坏，FANUC Oi - TF 系统接口框图，如图 5 - 5 所示。

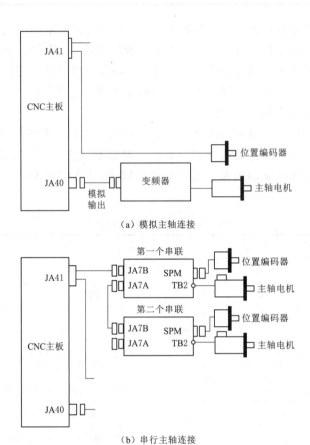

（a）模拟主轴连接

（b）串行主轴连接

图 5 - 3   模拟主轴与串行主轴指令信号的区别

图 5 - 4   FANUC 的 FSSB 总线采用光缆通信

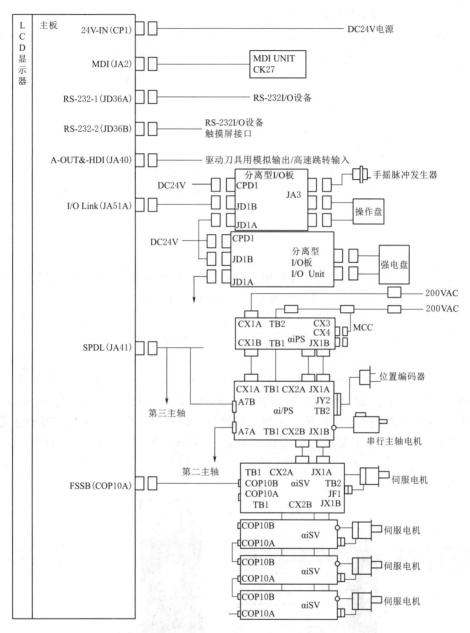

图 5-5　FANUC Oi-TF 系统接口框图

5.2　硬件的安装与连接

5.2.1　电源接口

控制器的 DC24V 电源，由外部电源进行供给。为了避免噪声和电压波动对 CNC 的影响，建议采用独立的电源单元对 CNC 进行供电。

5.4

67

另外，在使用 PC 功能的场合，停电等瞬间断电的情况都可能造成数据内容遭到破坏，所以建议考虑配置后备电源。接线前，请先确认各电源的输出电压。输出电压 $+24V \pm 10\%$（21.6～26.4V）。接口：CP1，CNC 用电源线的接线图，如图 5-6 所示。

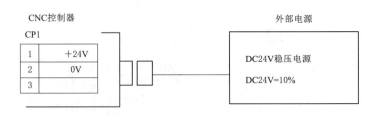

图 5-6　FANUC Oi-F 电源接口图

5.2.2　I/O Link 接口

FANUC 系统的 PMC 是通过专用的 I/O Link 与系统进行通信的，PMC 在进行着 I/O 信号控制的同时，还可以实现手轮与 I/O Link 轴的控制，但外围的连接却很简单，且很有规律，同样是从 A 到 B，系统侧的 JD51A（Oi C 系统为 JD1A）接到 I/O 模块的 JD1B。JA3 或者 JA58 可以连接手轮，如图 5-7 所示。

5.2.3　FSSB 电缆连接

FSSB 为 FANUC 串行伺服总线，目前 FANUC Oi-F 数控系统用光缆连接（FSSB 总线），接头实物图如图 5-8 所示。FANUC 的 FSSB 总线在硬件连接方面，遵循从 A 到 B 的规律，即 COP10A 为总线输出，COP10B 为总线输入，需要注意的是光缆在任何情况下不能硬折，以免损坏，FANUC Oi-F 系统 FSSB 连接图，如图 5-9 所示。

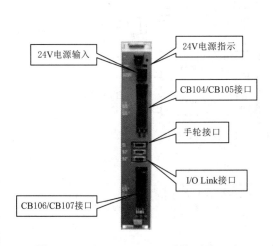

图 5-7　FANUC Oi-TF 系统 I/O Link
接口实物图

图 5-8　FANUC Oi-TF 系统光缆接头
实物图

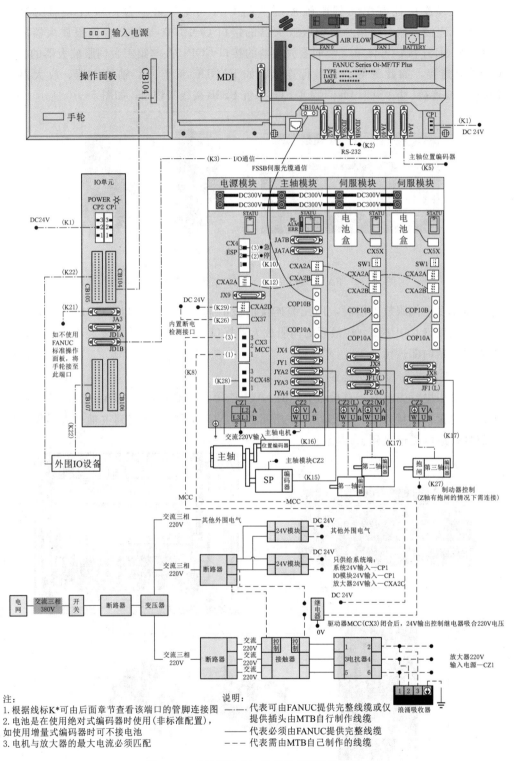

注:
1. 根据线标K*可由后面章节查看该端口的管脚连接图
2. 电池是在使用绝对式编码器时使用(非标准配置), 如使用增量式编码器时可不接电池
3. 电机与放大器的最大电流必须匹配

说明:
—— 代表可由FANUC提供完整线缆或仅提供插头由MTB自行制作线缆
—— 代表必须由FANUC提供完整线缆
--- 代表需由MTB自己制作的线缆

图 5-9 FANUC Oi-F 系统 FSSB 连接图

69

用光缆连接控制单元伺服轴控制卡的 COP10A 与第一台伺服放大器的接口 COP10B 连接，然后将第一台伺服放大器的接口 COP10A 与第二台伺服放大器的接口 COP10B 连接，再将第二台伺服放大器的接口 COP10A 与第三台伺服放大器的接口 COP10B 连接，如此等等，为串行连接，如 FANUC 系统、X 轴放大器、放大器的 FSSB 总线连接。FANUC Oi-F/Oi-TF 系统 FSSB 接线实物图，如图 5-10 所示。

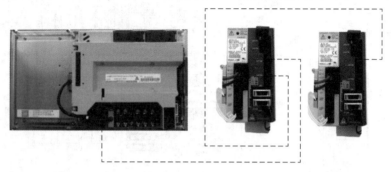

图 5-10　FANUC Oi-F/Oi-TF 系统 FSSB 接线实物图

连接多个伺服放大器时，用光缆连接前段的伺服放大器接口 COP10A 与后段伺服放大器接口 COP10B。在最后的伺服放大器接口 COP10A 上，需要装上盖板，防止光缆连接器内部被污染。

5.2.4　主轴控制接口的连接

当使用串行主轴时，直接从 NC 的 JA41 连接到主轴放大器。JA40 空。使用模拟主轴时的接口连接实物，如图 5-11 所示，从 NC 的 JA40 连接到主轴放大器作为指令信号，编码器连接到 JA41。

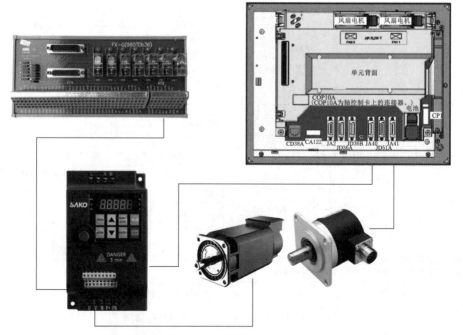

图 5-11　模拟主轴接口连接实物图

主轴指令信号连接：FANUC 的主轴控制采用两种类型，分别是模拟主轴与串行主轴，模拟主轴的控制对象是系统 JA40 口输出 0～10V 的电压给变频器，从而控制主轴电机的转速，模拟主轴指令线与变频器的连接实物图，如图 5-12 所示，主轴接口连接框图，如图 5-13 所示。

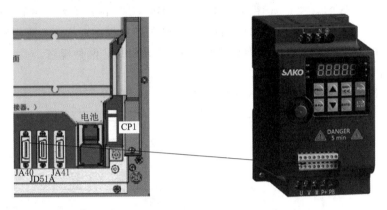

图 5-12　模拟主轴指令线与变频器的连接实物图

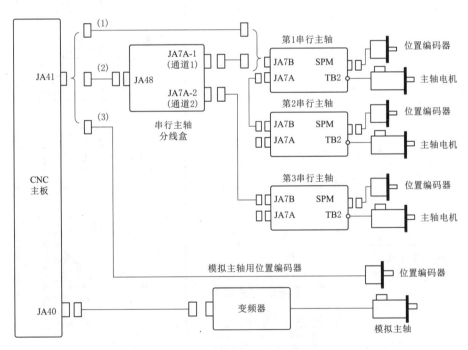

图 5-13　主轴接口连接框图

（+5V）为在 NC 和主轴放大器之间通过光缆连接情况下，光缆适配器工作所需要的电源信号。不使用光缆的场合，该信号无须连接。

5.2.5　数控系统电源模块（Power Supply Module，PSM）接口

1. 电源模块的作用

电源模块的作用主要是将三相交流电转换成直流电，为主轴放大器和伺服放大器

提供 300V 直流电源。在运动指令控制下，主轴放大器和伺服放大器经过由 IGBT 模块组成的三相逆变电路输出三相变频交流电，控制主轴电动机和伺服电动机按照指令要求的动作运行。电源模块还提供 24V 直流电源。

2. 电源模块型号的含义

电源模块型号的含义，如图 5-14 所示。FANUC 的 α 系列电源模块主要分为 PSM、PSMR、PSM-HV、PSMV-HV 四种型号，根据图 5-14 不难理解这四种型号的含义。电源模块输入电压分为交流 200V 和交流 400V 两种规格。

3. 电源模块的接口定义

电源模块的接口，如图 5-15 所示，各接口作用如下：

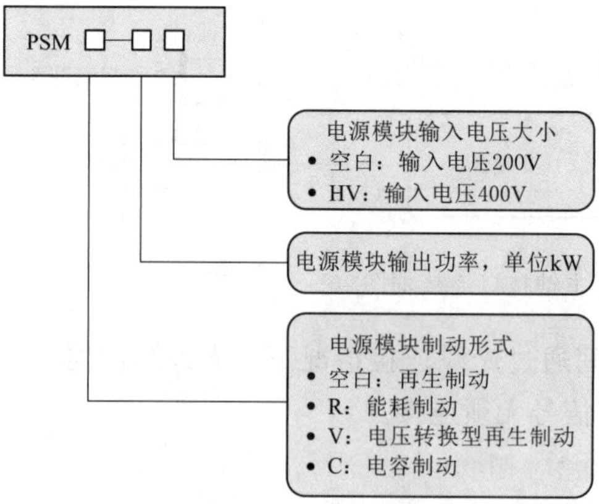

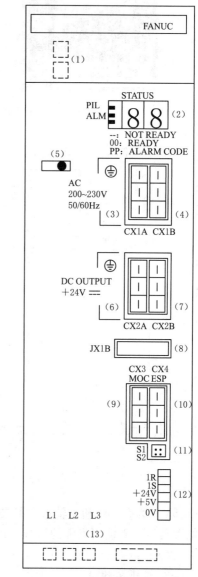

图 5-14 电源模块型号的含义

图 5-15 电源模块的接口

（1）TB1，直流电源输出端。该接口与主轴放大器、伺服放大器的直流输入端连接，为主轴放大器、伺服放大器提供300V直流电源。

（2）STATUS，状态指示。用发光二极管表示电源模块所处状态，出现异常时显示相关报警代号。

（3）CX1A，单相AC200V输入接口。

（4）CX1B，单相AV200V输出接口。

（5）直流电路连接点状态指示。在该指示灯完全熄灭后，方可对模块电缆进行各种操作，否则有危险。

（6）CX2A，DC24V输出接口。

（7）CX2B，DC24V输入接口。该接口与主轴放大器的CX2A相连接。

（8）JX1B，模块连接接口。该接口一般与主轴放大器JX1A连接，供通信用。

（9）CX3，主接触器控制信号接口。该接口连接主接触器控制信号，控制输入电源模块的三相交流电的通断。

（10）CX4，急停信号接口。该接口用于连接机床的急停信号，检测伺服就绪信号。

（11）S1、S2，再生相序选择开关，一般出厂默认设定值为S1短路。

（12）电源模块电流、电压检查用接口。

（13）三相交流电输入端。

5.2.6　数控系统主轴放大器模块（Spindle Amplifier Module，SPM）接口

1. 主轴放大器的作用

对于数控机床而言，主运动是主轴带动工件的旋转运动；对于数控铣床、镗铣加工中心而言，主运动是主轴带动刀具的旋转运动。主轴的旋转方向和旋转速度依据加工要求、加工过程而自动变化。数控系统主轴放大器模块（SPM）就是根据CNC传递指令控制并驱动主轴电动机工作的。

2. 主轴放大器型号的含义

主轴放大器型号的含义，如图5-16所示。主轴放大器α系列主要有SPM、SPMC、SPM-HV三种类型。

3. 主轴放大器的接口定义

主轴放大器的接口，如图5-17所示，各接口定义如下：

（1）TB1，直流电源输入端。该接口与电源模块直流电源输出端、伺服放大器直流电源输入端连接。

（2）STATUS，状态指示。用发光二极管表示主轴放大器所处状态，出现异常时显示相关报警代号。

（3）CX1A，单相AC200V输出接口。

（4）CX1B，单相AC200V输入接口。

（5）CX2A，DC24V输出接口。该接口与相邻伺服放大器的CX2A相连接。

（6）CX2B，DC24V输入接口。该接口与电源模块CX2A接口连接。

（7）直流电路连接点状态指示。在该指示灯完全熄灭后，方可对模块电缆进行各种操作，否则有危险。

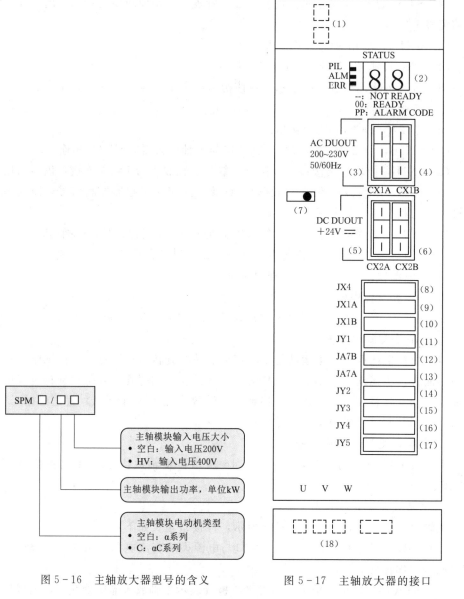

图 5-16　主轴放大器型号的含义　　　　　图 5-17　主轴放大器的接口

（8）JX4，主轴放大器工作状态检查接口。

（9）JX1A，模块连接接口。该接口一般与电源模块的 JXB 连接，供通信用。

（10）JX1B，模块连接接口。该接口一般与紧邻伺服放大器的 JX1A 接口连接。

（11）JY1，主轴负载功率表和主轴转速表连接接口。

（12）JA7B，串行主轴输入接口。该接口与 CNC 主板上 JA41 接口连接。

（13）JA7A，串行主轴输出接口。该接口与下一主轴放大器 JA7B 接口连接或备用。

（14）JY2，电动机脉冲编码器接口，用于接收电动机速度反馈信号。

（15）JY3，磁感应开关信号接口。数控铣床、加工中心主轴具有定向或准停功能，这样才能实现镗孔加工循环指令（G76、G86）或实现刀具的自动更换。主轴定向的实现是通过磁感应开关传递信号实现的，磁感应开关与主轴放大器连接。

（16）JY4，位置编码器连接接口。在主轴转速测量基础上增加了位置编码器，含位置脉冲信号和一转脉冲信号，常用于数控车床的螺纹加工和铣削类机床的刚性攻螺纹。

（17）JY5，主轴 Cs 轴探头和内置 Cs 轴探头接口。

（18）三相交流变频电源输出端。该接口与主轴电动机接线端连接。

5.2.7 数控系统伺服放大器模块（Servo Amplifier Module，SVM）接口

1. 伺服放大器的作用

要加工出各种形状的工件，达到零件图样要求的形状、位置、表面质量精度要求，刀具和工件之间则必须按照给定的进给速度、进给方向，一定的切削深度做相对运动。这个相对运动是由一台或几台伺服电动机驱动的。伺服放大器接受从控制单元 CNC 发出伺服轴的进给运动指令，经过转换和放大后驱动伺服电动机，实现所要求的进给运动。

2. 伺服放大器型号的含义

伺服放大器型号的含义，如图 5-18 所示。FANUC α 系列伺服放大器主要有 SVM、SVM-HV 两种类型。SVM 伺服放大器一个模块最多可以带三个伺服轴，SVM-HV 伺服放大器一个模块最多可以带两个伺服轴。

3. 伺服放大器的接口定义

伺服放大器的接口，如图 5-19 所示，接口定义如下：

（1）状态指示。用发光二极管表示伺服放大器所处状态，出现异常时显示相关报警代号。

（2）绝对位置检测器用锂电池安装位置。

（3）CX2A，DC24V 输出接口。该接口与后级模块的 CX2B 接口连接。

（4）CX2B，DC24V 输入接口。该接口与前级模块的 CX2A 接口连接。

（5）JX5，检测板用输出接口。

（6）JX14，接口信号，与前级模块相应接口连接。

（7）JX1B，接口信号，与后级模块相应接口连接。

（8）JF1，接第 1 轴伺服电动机脉冲编码器反馈信号。

（9）JF2，接第 2 轴伺服电动机脉冲编码器反馈信号。

（10）JF3，接第 3 轴伺服电动机脉冲编码器反馈信号。

（11）COP10B，通过光缆接 NC 主板或前级伺服放大器 COP10A 接口。

（12）COP10A，通过光缆接后级伺服放大器 COP10B 接口。

（13）三相交流电源输出端。该接口与伺服电动机接线端连接。

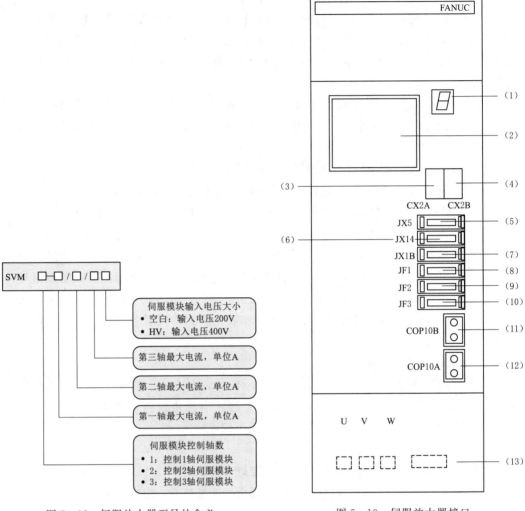

图 5 - 18 伺服放大器型号的含义   图 5 - 19 伺服放大器接口

5.3 任 务 实 施

分小组查看 FANUC 数控系统各硬件的构成，熟悉各硬件的接口及作用，并将相关信息填写在表 5 - 2 FANUC 数控系统硬件接口中。

表 5 - 2   FANUC 数控系统硬件接口

序号	FANUC 数控系统硬件名称	接口标识	接口作用
1			
2			
3			
4			

续表

序号	FANUC数控系统硬件名称	接口标识	接口作用
5			
6			
7			

5.4 知 识 巩 固

1. 操作系统是一种（　　　）。

A. 系统软件　　　　　B. 系统硬件　　　　　C. 应用软件　　　　　D. 支援软件

2. RS-232-C接口一般用于（　　　）的场合。

A. 近距离传送　　　　　　　　　　B. 数控机床较多

C. 对实时要求不高　　　　　　　　D. 网络硬件环境较好

E. 主要任务是传送加工程序

3. 计算机数控系统的优点不包括（　　　）。

A. 利用软件灵活改变数控系统功能，柔性高

B. 充分利用计算机技术及其外围设备增强数控系统功能。

C. 数控系统功能靠硬件实现，可靠性高

D. 系统性能价格比高，经济性好

4. 因操作不当和电磁干扰引起的故障属于（　　　）。

A. 机械故障　　　　　B. 强电故障　　　　　C. 硬件故障　　　　　D. 软件故障

FANUC Oi 数控机床电气线路连接训练

中国数控机床
发展的重中
之重

任务导入

数控机床在各行各业中的应用日趋广泛,其数量越来越多。数控机床是机床自动化的集中体现,数控机床的电气控制线路与普通机床的电气控制线路有所不同,数控系统的电气连接是确保数控系统能够正确稳定工作的主要因素之一,包括数控装置与MDI/CRT 单元、电气柜、主轴单元控制、进给伺服单元、机床冷却、启动与急停电气控制、检测装置反馈信号线的连接等。通过学习 FANUC Oi 数控机床电路图中的电气元件和电路的接线,使学生学会使用万用表、示波器等检测工具,分析和诊断数控机床电气电路的工作状态,判断出当前数控机床的电路故障并予以排除,使数控机床恢复正常使用和功能。

知识目标:

(1)掌握数控机床低压电器工作原理和电气原理图识读。

(2)能够进行数控机床变频主轴的电气连接和调试。

(3)能对数控机床的进给传动电气控制进行一般功能的调试。

(4)能进行交流伺服电动机的联调和故障分析。

(5)掌握数控机床的启动控制回路。

素养目标:

(1)理解数控机床电气连接目的,懂得理论联系实际的重要性。

(2)掌握数控机床逐级控制的原理,培养具体问题具体分析的工作方法。

(3)能够利用电工工具进行电气线路的连接,提高动手能力的培养。

(4)懂得运用科学的方法,分析解决数控机床电气连接过程中的实际问题,提高职业素养。

相关知识准备

6.1 数控机床主传动系统的电气连调

主轴驱动系统用于控制机床主轴的旋转运动,为机床主轴提供驱动功率和所需的切削力。它只是一个速度控制系统，主要关心其是否有足够的功率、足够宽的恒功率调节范围及速度调节范围。

FANUC Oi－F 系统主轴控制可分为主轴串行输出和主轴模拟输出（Spindle serial output/Spindle analog output）。用模拟量控制的主轴驱动单元（如变频器）和电动机称为模拟主轴，主轴模拟输出接口只能控制一个模拟主轴。按串行方式传送数据（CNC 给主轴电动机的指令）的接口称为串行输出接口；主轴串行输出接口能够控制两个串行主轴，必须使用 FANUC 的主轴驱动单元和电动机，主轴控制相关组件，如图 6－1 所示。

图 6－1　主轴控制相关组件

6.1.1　FANUC 数控机床模拟主轴速度控制的原理

在数控机床主轴驱动系统中，采用变频调速技术调节主轴的转速，具有高效率、宽范围、高精度的特点，变频器广泛用于交流电机的调速中。

三相异步电动机感应电动机的转子转速可按下式计算：

$$n=60f_1(1-s)/p$$

式中　f_1——定子供电频率（电源频率），Hz；

　　　　p——电动机定子绕组极对数；

　　　　s——转差率。

从上式可看出，电动机转速与频率近似成正比，改变频率即可以平滑地调节电动机转速。

要改变电动机的转速，可通过改变以下参数来实现：

（1）改变磁极对数 p，电动机的转速可作有级变速。

（2）改变转差率 s。

（3）改变频率 f_1。

在数控机床中，交流电动机的调速常采用变频调速的方式，其频率的调节范围是很宽的，可在 0～400Hz（甚至更高频率）之间任意调节，因此主轴电动机转速即可以在较宽的范围内调节。在模拟主轴输出有效的情况下，数控机床只可以使用主轴转速指令控制和基于 PMC 的主轴速度指令控制。

6.1.2 变频主轴的电气连调

变频主轴接线如图 6-2 所示。

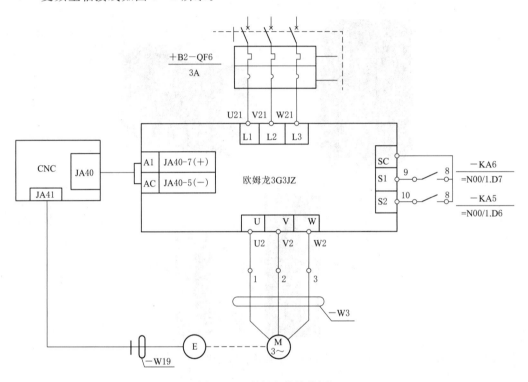

图 6-2 变频主轴接线图

三相 380V 交流电压通过断路器 QF 接到变频器的电源输入端 L1、L2、L3 上，变频器输出电压 U、V、W 接到主轴电动机 M 上。QF 是电源总开关，且具有短路和过载保护作用。正反转控制通过 S1、S2、SC 端实现，当 S1 和 SC 之间短路，变频器作正向运转，当 S2 和 SC 之间短路，变频器作反向运转。A1、AC 连接到数控系统模拟量主轴的速度信号接口 JA40，CNC 输出的速度信号（0～10V）与变频器的模拟量频率设定端 A1、AC 连接，控制主轴电机的运行速度。主轴位置编码器信号接口 JA41 连接主轴的编码器，将主轴的转速反馈给数控系统，实现主轴模块与 CNC 系统的信息传递。

6.1.3 FANUC Oi-TF 数控机床模拟主轴电气原理图

FANUC Oi-TF 数控系统连接如图 6-3 所示，FANUC Oi-TF 数控机床模拟主轴电路如图 6-4 所示。

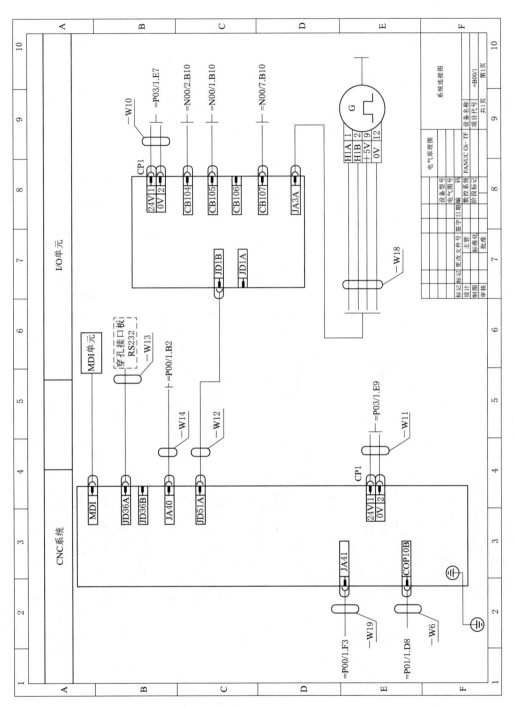

图 6 - 3 FANUC Oi - TF 数控系统连接图

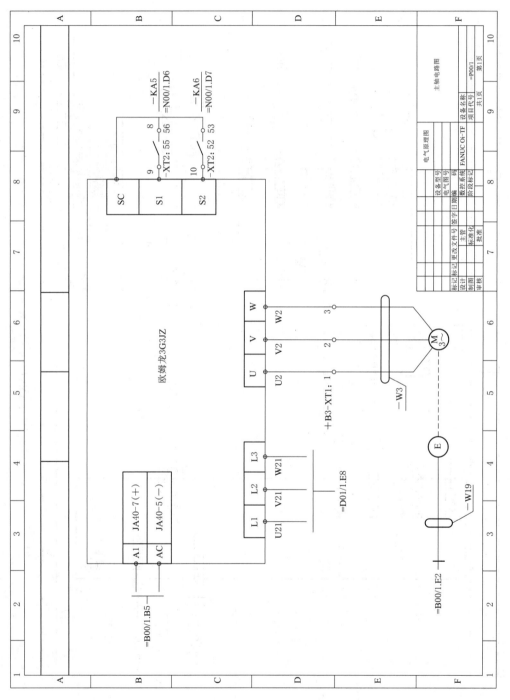

图 6 - 4 FANUC Oi - TF 数控机床模拟主轴电路图

6.2 数控机床进给传动系统电气连调

进给驱动系统是用于数控机床工作台坐标或刀架坐标的控制系统，控制机床各坐标轴的切削进给运动，并提供切削过程所需的力矩，选用时主要看其力矩大小、调速范围大小、调节精度高低、动态响应的快速性，进给传动系统一般包括速度控制环和位置控制环。

6.2.1 进给伺服系统电气连接图

系统与 X 轴放大器、Y 轴放大器的 FSSB 总线连接，如图 6-5 所示。

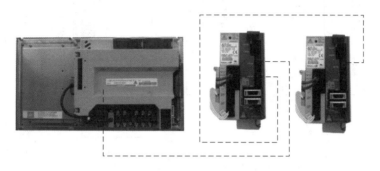

图 6-5 系统与 X 轴放大器、Y 轴放大器的 FSSB 总线连接

伺服放大器需要连接的电缆包含伺服电机动力电缆和伺服电机反馈电缆，伺服放大器与电机连接，如图 6-6 所示。

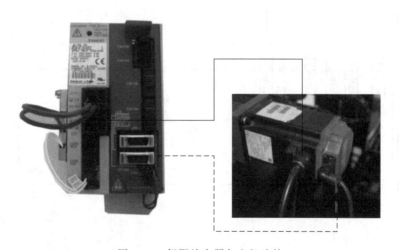

图 6-6 伺服放大器与电机连接

6.2.2 FANUC Oi-MF 数控机床进给驱动模块电气原理图

数控系统连接如图 6-7 所示，数控机床总电源保护电路如图 6-8 所示，数控机床控制变压器电路如图 6-9 所示，数控机床变压器电路如图 6-10 所示，数控机床一体型放大器电路如图 6-11 所示，数控机床 MCC 控制电路如图 6-12 所示。

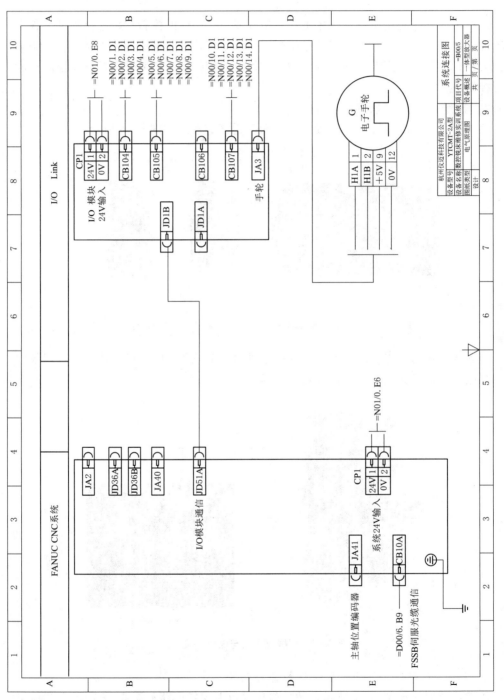

图 6-7 FANUC Oi-MF 数控系统连接图

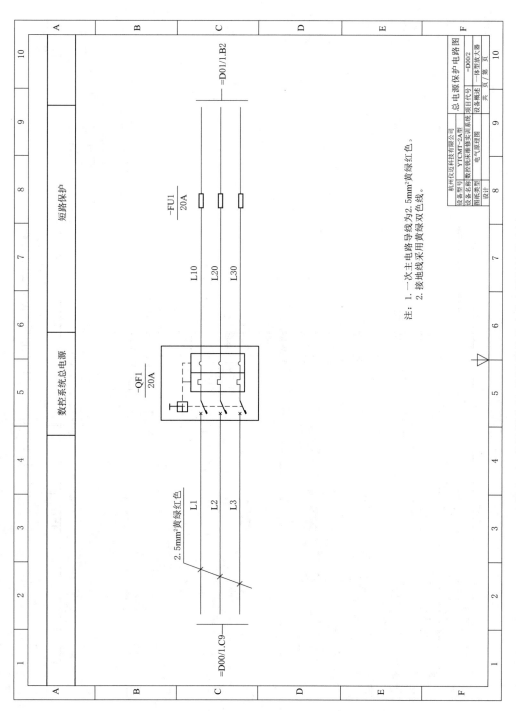

图 6-8 FANUC Oi-MF 数控机床总电源保护电路图

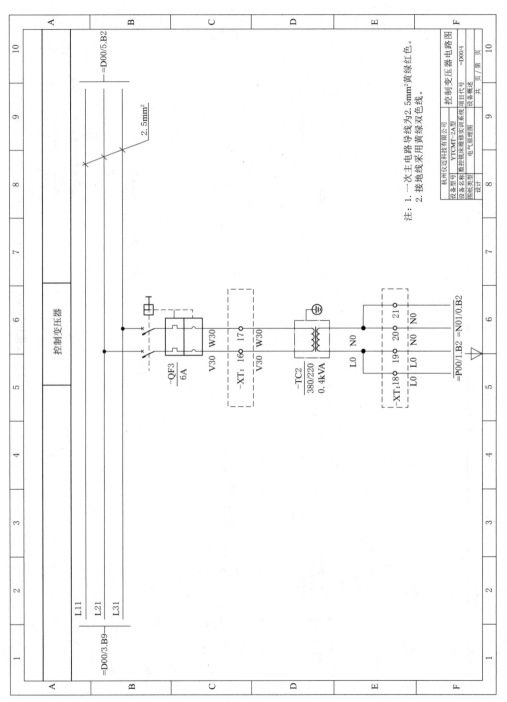

图 6-9　FANUC Oi-MF 数控机床控制变压器电路图

86

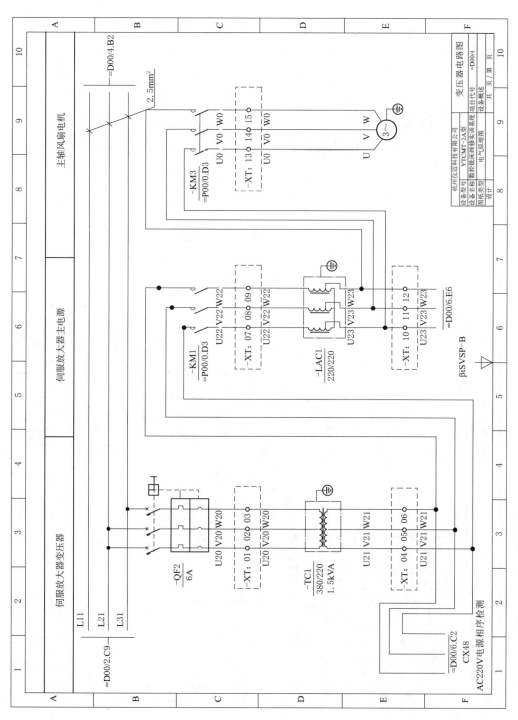

图 6 - 10 FANUC Oi - MF 数控机床变压器电路图

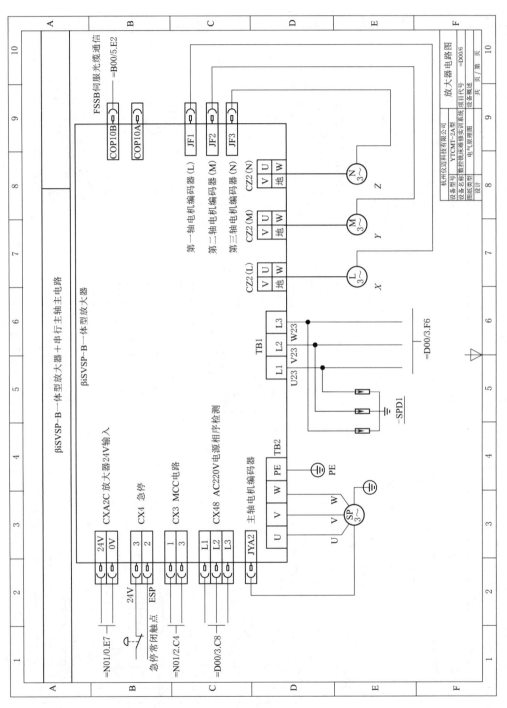

图 6 – 11 FANUC Oi – MF 数控机床一体型放大器电路图

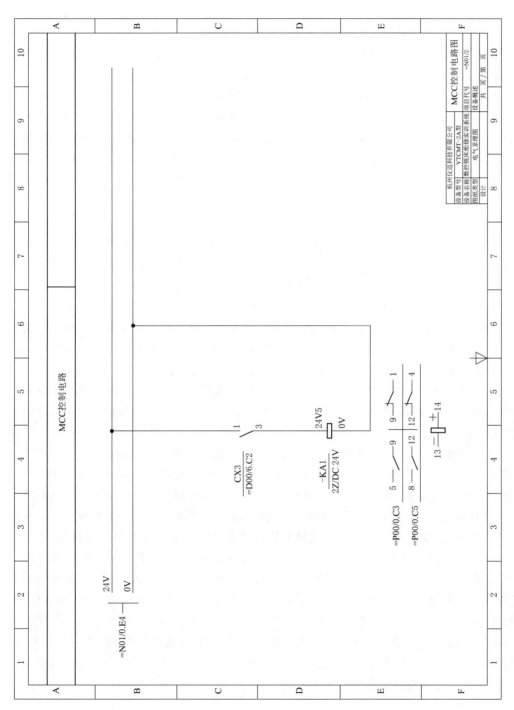

图 6 - 12 FANUC 0i - MF 数控机床 MCC 控制电路图

6.3　数控机床冷却、启动与急停电气控制

6.3.1　数控机床冷却功能电气原理

　　数控机床冷却功能在机床的切削加工中很重要，冷却液可以带走切削中产生的大量热量，以减少对机床加工精度的影响，在数控机床中，冷却功能往往采用长动控制的基本环节。数控机床冷却按键作为输入信号连接数控系统，此信号经过 PLC 处理后控制数控系统输出一个冷却信号，此输出信号连接电气柜中的继电器线圈，继电器触点控制一个交流接触器线圈的吸合，此交流接触器的触点又来接通或者断开冷却泵电机的动力线。按一次冷却按键，冷却泵通电；再按一次冷却按键，冷却泵停止，如此循环往复。FANUC Oi – MF 数控机床冷却泵主电路如图 6 – 13 所示，FANUC Oi – MF 数控机床冷却泵控制电路如图 6 – 14 所示。

6.3.2　数控机床启动和急停功能电气原理

　　数控机床启动和急停功能是数控机床非常重要的电气连接模块。那么我们应该如何来系统采用 24V 电源的长动基本环节来实现数控机床启动和急停电路的连调。数控机床常采用紧急停止按钮和超程处理方式，保证在危险的情况下，使数控机床能够快速地停止；还可以采用安全门防护装置，如带闭锁的或不带闭锁的机械式插片开关，防止人员随意进入危险的区域，保证维修人员在危险区域内安全地进行操作；也可以使用安全监控速度功能、调试使用按钮和电子手轮，监控机器的超速和停止状态，并且保证人员在安全门打开的情况下安全地调试机器。

　　数控机床急停和超程处理是数控机床安全性的重要内容，一台机床在验收和使用时肯定涉及这两方面的内容。在 FANUC 数控系统应用中，急停和超程有以下几种常规处理方法。

　　进给轴超程开关为动断触点，急停按钮与每个进给轴的超程开关串接，当没有按急停按钮或进给轴运动没有超程时，KA0 继电器吸合，相应的 KA0 触点闭合，则 Oi – F 系统的 I/O 模块 X8.4 处信号为 1，同时另一个 KA0 触点闭合。βi 伺服单元的电源模块 CX4 插座的 2、3 管脚接收急停信号，闭合为没有急停信号。KA0 触点闭合后，若 Oi – F 系统和 βi 伺服单元本身以及之间的连接没有故障，则 βi 电源模块内部的 MCC 触点闭合，即 CX3 的 1、3 管脚接通。使用该伺服单元内部的 MCC 触点来控制外部交流接触器吸合，当外部交流接触器 KM 吸合，三相交流 220V 电源模块就施加到了伺服单元的主电源输入端（L1、L2、L3），数控系统和伺服单元就能正常工作。FANUC Oi – MF 数控系统连接如图 6 – 15 所示，FANUC Oi – MF 数控机床变压器电路如图 6 – 16 所示，FANUC Oi – MF 数控系统 24V 电源电路如图 6 – 17 所示，FANUC Oi – MF 数控系统启动与急停电路如图 6 – 18 所示，FANUC Oi – MF 数控系统限位与急停控制电路如图 6 – 19 所示。

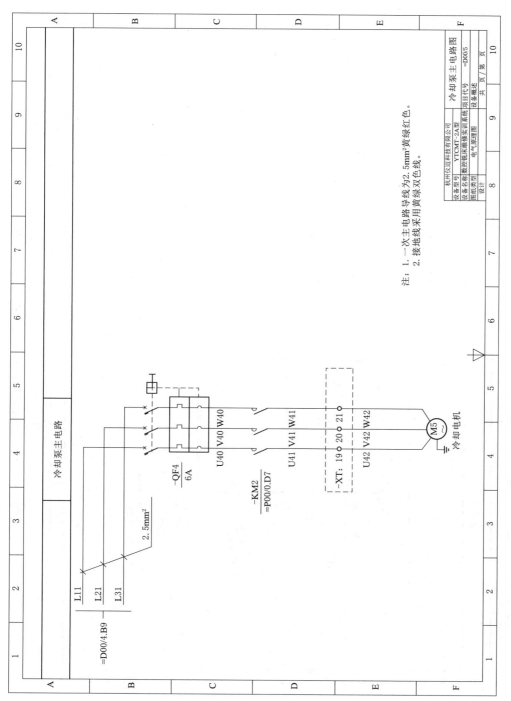

图 6-13　FANUC Oi-MF 数控机床冷却泵主电路

注：1. 一次主电路导线为2.5mm²黄绿红色。
　　2. 接地线采用黄绿双色线。

杭州仪迈科技有限公司		冷却泵主电路图	
设备型号	YTCMT-2A型	项目代号	=D00/5
设备名称	数控铣床维修实训系统	设备概述	
图纸类型	电气原理图		
设计		共　页/第　页	10

冷却泵主电路

2.5mm²

L11
L21
L31
=D00/4.B9

-QF4
6A
U40 V40 W40

-KM2
=P00/0.D7
U41 V41 W41

-XT: 19○20○21○

U42 V42 W42

M5
冷却电机

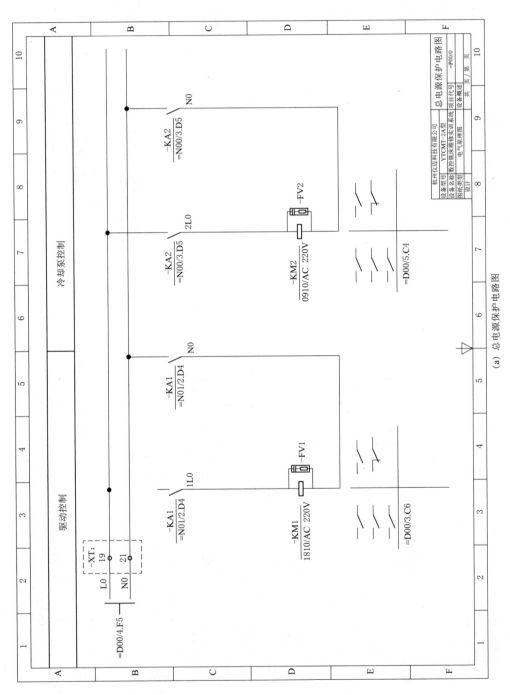

(a) 总电源保护电路图

图 6 – 14 （一） FANUC Oi – MF 数控机床冷却泵控制电路图

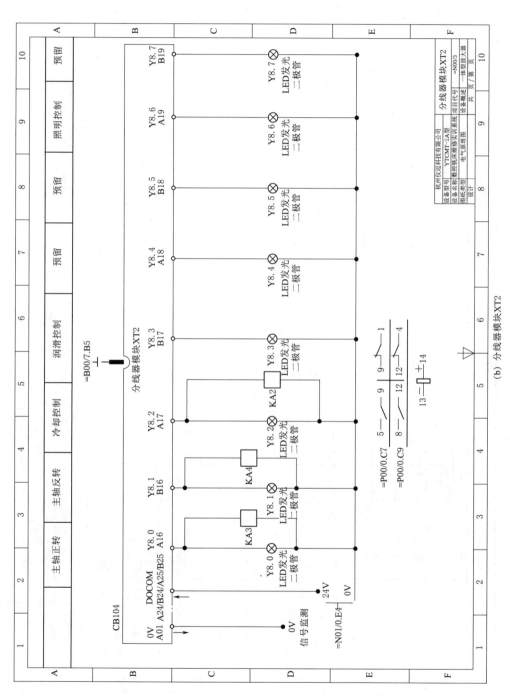

图 6-14（二） FANUC Oi-MF 数控机床冷却泵控制电路图

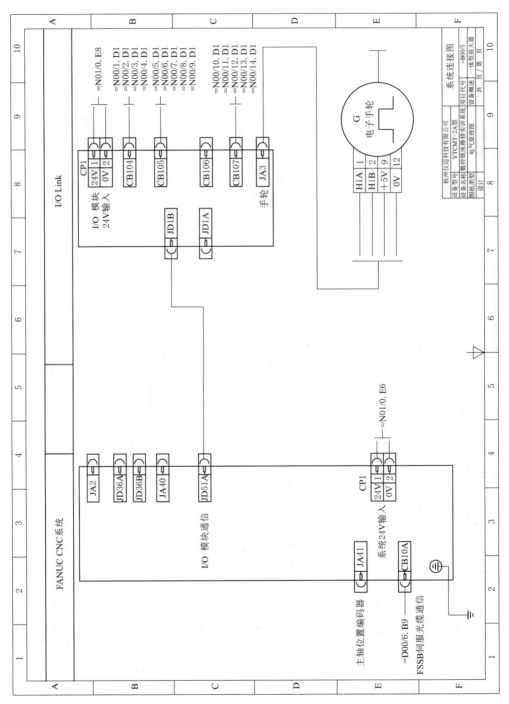

图 6 – 15 FANUC Oi – MF 数控系统连接图

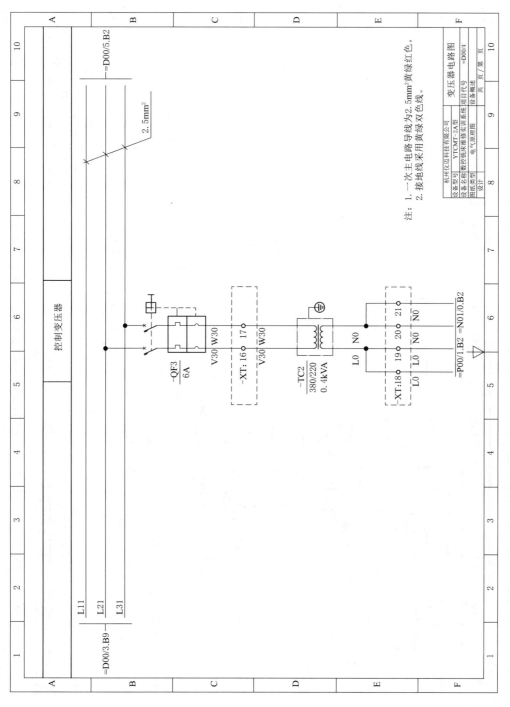

图 6 - 16 FANUC Oi - MF 数控机床变压器电路图

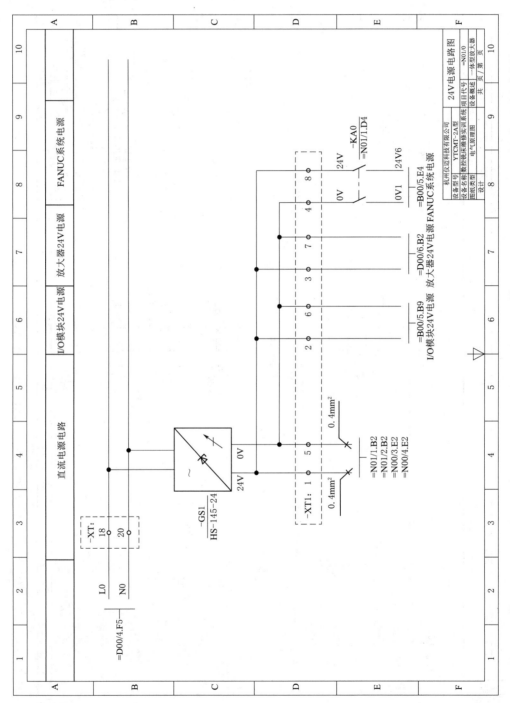

图 6 - 17 FANUC Oi - MF 数控系统 24 V 电源电路图

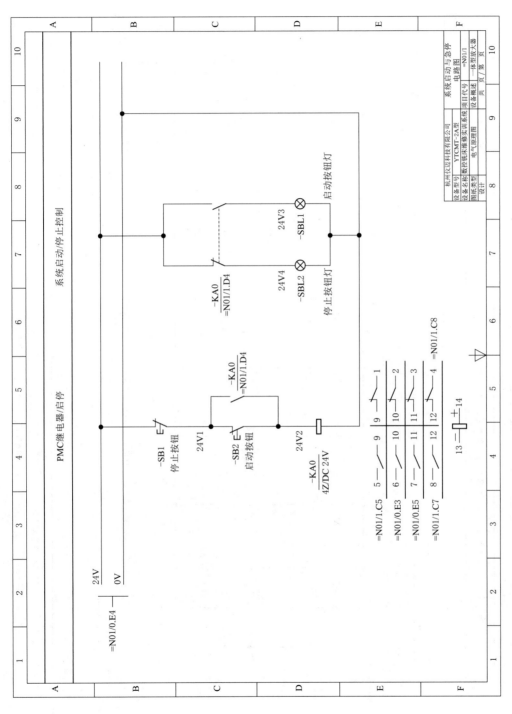

图 6-18　FANUC Oi-MF 数控系统启动与急停电路图

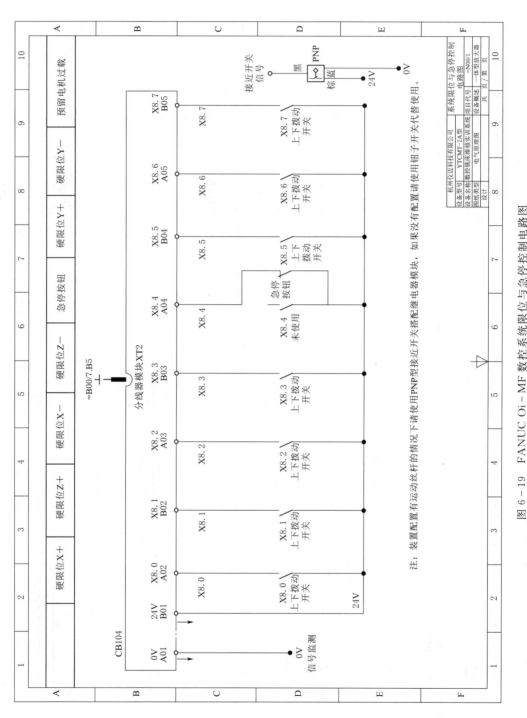

图 6 – 19 FANUC Oi – MF 数控系统限位与急停控制电路图

6.4 任 务 实 施

6.4.1 FANUC Oi‑TF 数控系统模拟主轴电气连接

（1）根据 FANUC Oi‑TF 数控系统模拟主轴接口连接如图 6‑20 所示，读懂并理解 FANUC Oi‑TF 数控机床主轴电气原理图，并绘制数控系统模拟主轴电气连接图，FANUC Oi‑TF 数控系统模拟主轴电气连接如图 6‑21 所示。

（2）完成 FANUC Oi‑TF 数控系统主轴功能模块电路的电气连接。

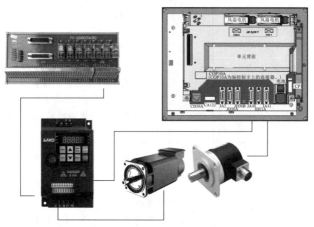

图 6‑20　FANUC Oi‑TF 数控系统模拟主轴接口连接图

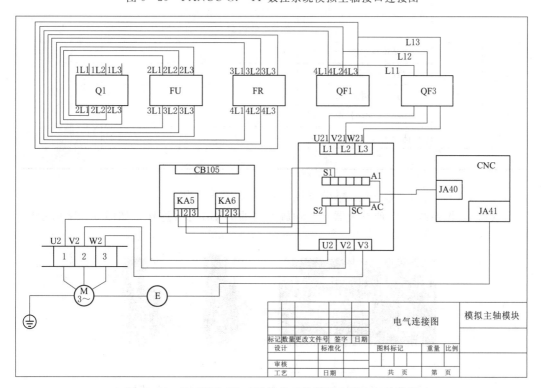

图 6‑21　FANUC Oi‑TF 数控系统模拟主轴电气连接图

（3）按照电气原理图完成变频主轴的连接，评分见表 6-1。

表 6-1　　　　　　　　　　　　变频主轴的连接评分表

项目	项目配分	评分点	配分	扣分说明	得分	项目得分
电气连接	40	电气连接	20	1. 不按原理图接线每处扣 5 分。 2. 布线不进线槽、不美观，主电路、控制电路每根扣 4 分。 3. 接点松动、露铜过长、压绝缘层，标记线号不清楚、遗漏或误标，引出端无压端子每处扣 2 分。 4. 损伤导线绝缘层或线芯，每根扣 2 分。 5. 线号未标或错标每处扣 1 分		
			20	1. 检查线路连接，有错误每处扣 2 分。 2. 上电前未检测短路、虚接、断路；上电中未采用逐级上电等每项扣 5 分。 3. 首次通电前不通知现场技术人员检查扣 5 分		
功能验证	40	功能实现	40	1. 手动方式下，实现主轴正转功能，未实现扣 10 分。 2. 手动方式下，实现主轴反转功能，未实现扣 10 分。 3. MDI 方式下，实现主轴正转功能，未实现扣 10 分。 4. MDI 方式下，实现主轴反转功能，未实现扣 10 分		
职业素养与安全	20	操作规范	4			
		材料利用率	4			
		工具使用情况	4			
		现场安全、文明情况	4			
		团队分工协作情况	4			
合　计						

6.4.2　FANUC Oi - TF 数控机床进给伺服系统电气连接

（1）数控系统、X 轴放大器、Z 轴放大器的 FSSB 总线连接，如图 6-22 所示。

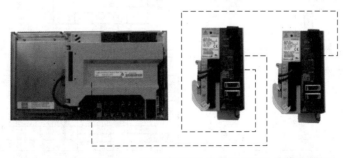

图 6-22　FANUC Oi - TF 系统与放大器的 FSSB 总线连接图

（2）在读懂数控机床进给传动电气元器件装配图、电气原理图的基础上绘制
FANUC Oi-TF 数控机床进给伺服模块电气连接如图 6-23 所示。

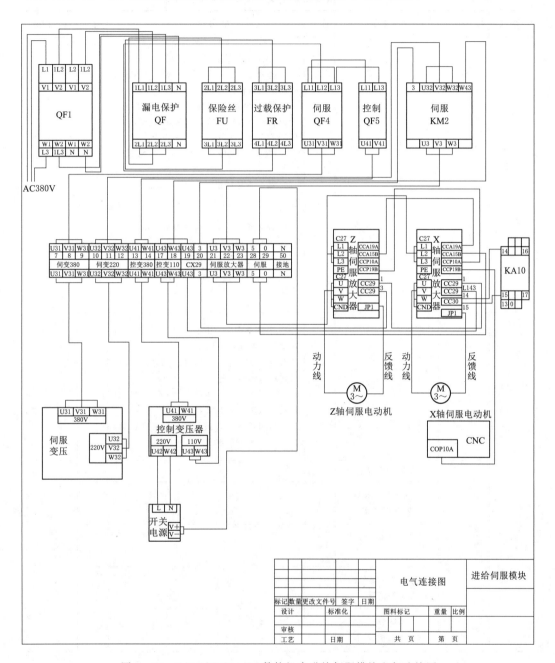

图 6-23 FANUC Oi-TF 数控机床进给伺服模块电气连接图

（3）按照电气原理图完成 FANUC Oi-TF 数控机床进给伺服系统的电气连接与
调试。

（4）对数控机床的进给传动电气控制系统进行一般功能的调试。

（5）完成数控机床进给传动系统电气连接与调试，评分见表 6-2。

表 6-2　　　　数控机床进给传动系统电气连接与调试评分表

项目	项目配分	评分点	配分	扣 分 说 明	得分	项目得分
电气连接	40	电气连接	20	1. 不按原理图接线每处扣 5 分。 2. 布线不进线槽、不美观，主电路、控制电路每根扣 4 分。 3. 接点松动、露铜过长、压绝缘层，标记线号不清楚、遗漏或误标，引出端无压端子每处扣 2 分。 4. 损伤导线绝缘层或线芯，每根扣 2 分。 5. 线号未标或错标每处扣 1 分		
			20	1. 检查线路连接，有错误每处扣 2 分。 2. 上电前未检测短路、虚接、断路；上电中未采用逐级上电等每项扣 5 分。 3. 首次通电前不通知现场技术人员检查扣 5 分		
功能验证	40	功能实现	40	1. 手动方式下，实现 X/Y/Z 轴的进给运动，未实现每轴扣 10 分。 2. 手动方式下，进给轴运动方向正确，未实现每轴扣 5 分。 3. MDI 方式下，实现 X/Y/Z 轴的进给运动，未实现每轴扣 10 分。 4. MDI 方式下，进给轴运动方向正确，未实现每轴扣 5 分		
职业素养与安全	20	设备操作规范	4			
		材料利用率、接线及材料损耗率	4			
		工具、仪器、仪表使用情况	4			
		竞赛现场安全、文明情况	4			
		团队分工协作情况	4			
合计						

6.4.3　数控机床冷却系统电气连接

（1）读懂并理解 FANUC Oi-TF 数控机床的冷却系统电气原理图，并绘制 FANUC Oi-TF 数控机床冷却功能连接图，如图 6-24 所示。

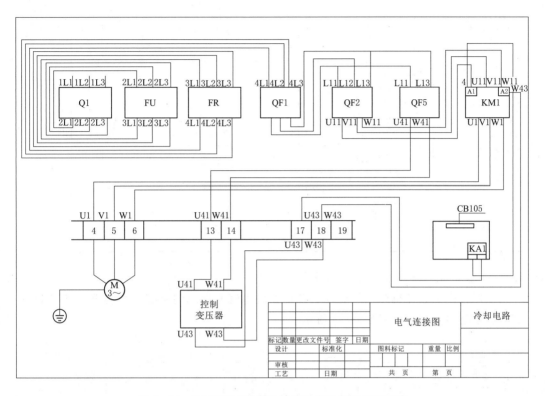

图 6-24　FANUC Oi-TF 数控机床冷却功能连接图

（2）完成 FANUC Oi-TF 数控机床冷却功能电路的电气连接，评分详见表 6-3。

表 6-3　　　　　　　　　　数控机床冷却功能电路的电气连接评分表

项目	项目配分	评分点	配分	扣分说明	得分	项目得分
电气连接	80	电气连接	60	1. 不按原理图接线每处扣 5 分。 2. 布线不进线槽、不美观，主电路、控制电路每根扣 4 分。 3. 接点松动、露铜过长、压绝缘层，标记线号不清楚、遗漏或误标，引出端无压端子每处扣 2 分。 4. 损伤导线绝缘层或线芯，每根扣 2 分。 5. 线号未标或错标每处扣 1 分		
			20	1. 检查线路连接，有错误每处扣 2 分。 2. 上电前未检测短路、虚接、断路；上电中未采用逐级上电等每项扣 5 分。 3. 首次通电前不通知现场技术人员检查扣 5 分		

续表

项目	项目配分	评分点	配分	扣 分 说 明	得分	项目得分
职业素养与安全	20	设备操作规范	4			
		材料利用率、接线及材料损耗率	4			
		工具、仪器、仪表使用情况	4			
		竞赛现场安全、文明情况	4			
		团队分工协作情况	4			
		合计				

6.4.4　数控机床系统启动、急停模块电气连接

（1）在读懂数控机床系统启动、急停模块电气原理图的基础上绘制 FANUC Oi-TF 数控机床电源连接如图 6-25 所示。

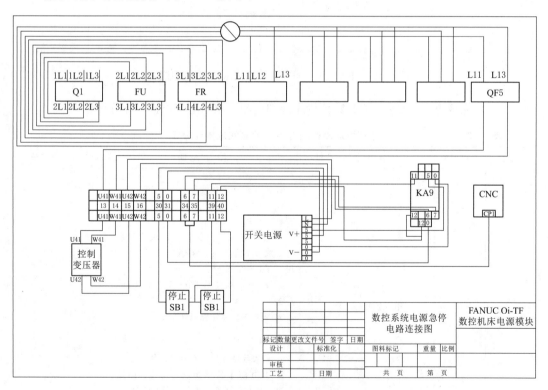

图 6-25　FANUC Oi-TF 数控数控机床电源连接图

（2）完成 FANUC Oi-TF 数控机床数控系统电源、急停模块电路的电气连接，评分表见表 6-4。

表 6 - 4　　　　数控系统电源、急停模块电路的电气连接评分表

项目	项目配分	评分点	配分	扣 分 说 明	得分	项目得分
电气连接	80	电气连接	60	1. 不按原理图接线每处扣 5 分。 2. 布线不进线槽、不美观,主电路、控制电路每根扣 4 分。 3. 接点松动、露铜过长、压绝缘层,标记线号不清楚、遗漏或误标,引出端无压端子每处扣 2 分。 4. 损伤导线绝缘层或线芯,每根扣 2 分。 5. 线号未标或错标每处扣 1 分		
			20	1. 检查线路连接,有错误每处扣 2 分。 2. 上电前未检测短路、虚接、断路;上电中未采用逐级上电等每项扣 5 分。 3. 首次通电前不通知现场技术人员检查扣 5 分		
职业素养与安全	20	设备操作规范	4			
		材料利用率、接线及材料损耗率	4			
		工具、仪器、仪表使用情况	4			
		竞赛现场安全、文明情况	4			
		团队分工协作情况	4			
合计						

数控机床部件安装与调试

数控机床
领域的大国
工匠精神

任务导入

　　企业下达数控机床装配任务，数控机床装调人员需要进行整机装配，使其符合规定的技术要求。任务要求：根据任务的情境描述，数控机床维修人员领取任务单和机床的技术资料后，对其进行解读分析，查阅相关资料和技术文件，明确作业要求，明确相应的作业流程及规范。并完成以下工作：①按照作业流程及规范完成数控机床的整机装配与调整；②按出厂验收标准对机床整机机械几何精度进行检测，自检合格后交付质量部门检验。

　　数控机床是现代制造技术的基础装备，随着数控机床的广泛应用与普及，机床的安装与调试工作越来越受到重视。对于小型数控机床，这项工作比较简单，而大中型数控机床由于机床厂发货时已将机床解体成几个部分，到用户处要进行重新组装和重新调试，工作较为复杂。机床安装完成后要判别机床是否符合其技术指标，要学会利用常用工量具针对典型数控机床主传动系统、典型数控机床进给系统、典型数控机床四工位刀架等进行安装与调试，并能够根据技术要求完成相关操作。

知识目标：

（1）学会使用数控机床安装与调试常用的工量具。

（2）掌握数控机床主传动系统的安装与调试方法。

（3）掌握数控机床进给系统的安装与调试方法。

（4）掌握数控机床电动刀架的机械结构。

（5）掌握机床几何精度及位置精度检测方法。

素养目标：

（1）会使用常用的机械拆卸、装配及检测工具。

（2）能进行数控机床精度检验与分析。

（3）会数控机床安装与调试的方法，明确专业责任，增强使命感和责任感。

（4）了解岗位要求，培养正确、规范的工作习惯和严肃认真的工作态度。

（5）了解数控机床安装与调试的基本方法，培养科学精神。

7.1　数控机床安装和调试常用的工量具

数控机床安装和调试常用的工量具见表7-1～表7-3，其中表7-1为常用的机械拆卸及装配工具，表7-2为常用的机械检验和测量工具，表7-3为常用的电气维修工具及仪表。

表7-1　　　　　　　　　　　常用的机械拆卸及装配工具

名　称	实　物　图	说　明
六角扳手		通过扭矩对六角螺丝施加作用力
单头钩形扳手		用于扳动在圆周方向上开有直槽或孔的圆螺母，分为固定式和可调节式
端面带槽或孔的圆螺母扳手		用于圆螺母的松紧，分为套筒式扳手和双销叉形扳手
弹性挡圈安装钳		用来安装内簧环和外簧环，分为轴用弹性挡圈装拆用钳和孔用弹性挡圈装拆用钳
拔销器		用于拔除工件上的定位销

续表

名　称	实　物　图	说　明
弹性锤子		用于敲打物体使其移动或变形，分为木槌和铜锤
扭矩扳手		用于对拧紧工艺有严格要求的装配，使产品各个紧固件的扭矩值一致，保障产品的质量
拉卸工具		用于拆卸安装在轴上的滚动轴承、皮带轮式联轴器等零件，分为螺杆式和液压式两种。其中，螺杆式拉卸工具分为两爪式、三爪式和铰链式

表 7 - 2　　　　　　　　　常用的机械检验和测量工具

名　称	实　物　图	说　明
平尺	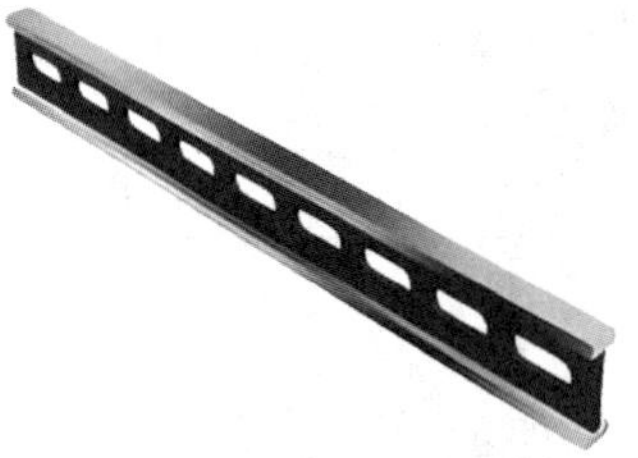	用于测量工件的直线度、平面度
角尺		用于机床及零部件的垂直度检验、安装加工定位、画线等

名　称	实　物　图	说　明
方尺		用于机床之间不垂直度的检查
垫铁		用于数控机床衰减机器自身的振动、减少振动力外传、阻止振动力的传入等，还可以调节机床的水平高度
检验棒		用于检验各种机床的几何精度
塞尺		用于测量间隙尺寸，在检验被测尺寸是否合格时，可以用通止法来判断，也可由检验者根据塞尺与被测表面配合的松紧程度来判断
杠杆千分尺		当零件的几何形状精度要求较高时，使用杠杆千分尺可以满足其测量要求，测量精度可达0.001mm

续表

名　称	实　物　图	说　明
万能角度尺	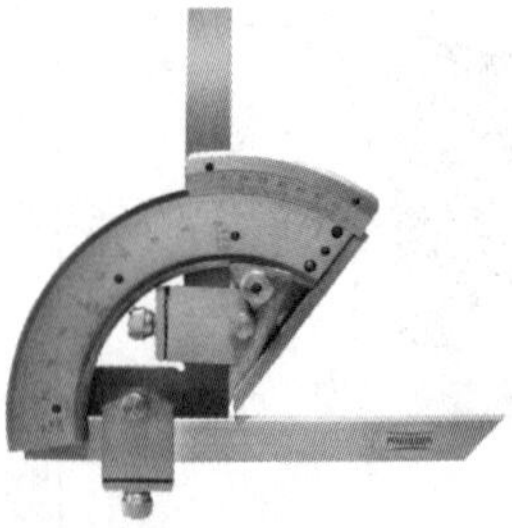	用于测量工件内外角度的量具，根据尺身的形状分为圆形和扇形
杠杆式百分表及磁力表座		用于测量受空间限制的工件，如检测内孔跳动。使用时应注意使测量运动方向与测头中心垂直，以免产生测量误差
杠杆式千分表及磁力表座	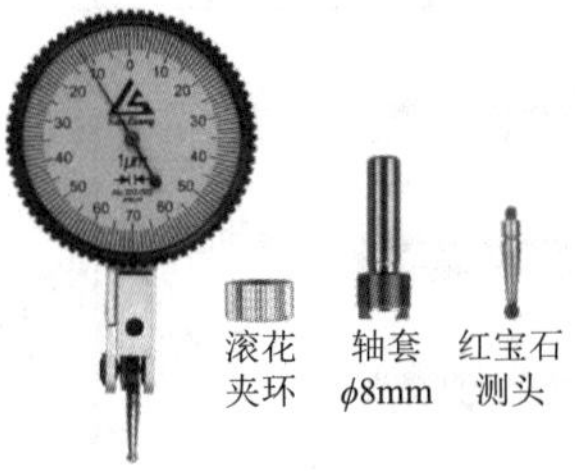 滚花夹环　轴套ϕ8mm　红宝石测头	其工作原理与杠杆式百分表一致，只是分辨率不同，常用于精密机床的测量
水平仪	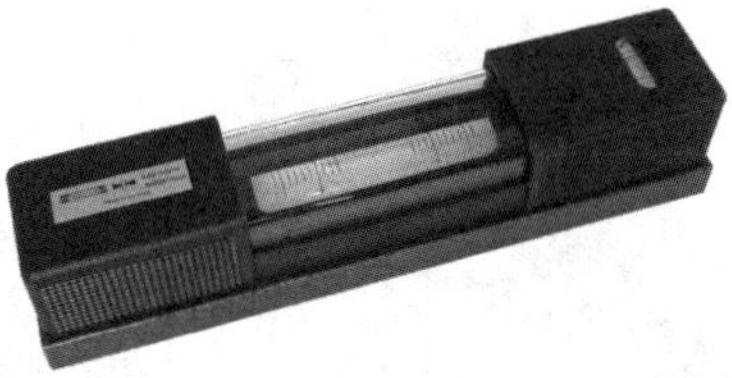	用于测量导轨在垂直面内的直线度、工作台台面的平面度及零件之间的垂直度、平面度等

表 7 - 3　　　　　常用的电气维修工具及仪表

名　称	实　物　图	说　明
螺丝刀		用于拧转螺丝钉以迫使其就位的工具，主要分为一字（负号）和十字（正号）

续表

名　称	实　物　图	说　明
万用表		用于电压、电流、电阻等电气参数的测量
尖嘴钳		用于剪切线径较细的单股线与多股线，给单股导线接头弯圈，剥去塑料绝缘层等
剥线钳		用于剥除电线头部表面的绝缘层
电烙铁		用于焊接元件及导线，按机械结构可分为内热式电烙铁和外热式电烙铁；按功能可分为焊接用电烙铁和吸锡用电烙铁
数字转速表		用于测量伺服电动机的转速，是检查伺服调速系统的重要依据之一，常用的转速表有离心式转速表和数字式转速表等

名　称	实　物　图	说　明
测振仪		用于测量数控机床的振动、加速度和位移等
相序表		用于测量三相电源的相序，是交流伺服驱动、主轴驱动维修的必要测量工具之一
红外测温仪		用于检测数控机床容易发热的部件的温度，如功率模块、导线接点、主轴轴承等
激光干涉仪		用于对数控机床的几何精度和位置精度进行高精度的测量与校正，也可进行螺距误差补偿等

7.2　典型数控机床主传动系统的安装与调试

7.2.1　任务导入

主轴电动机是主传动装置的动力源，电动机通过同步带与主轴组件相连接，带动主轴组件一起旋转。图 7-1 为电动机与主轴的装配。

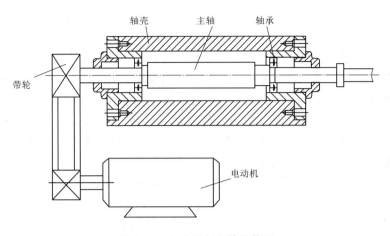

图 7-1　电动机与主轴的装配

7.2.2　任务目标

（1）能够正确使用装配工具、量具，识读装配图纸，按照 5S 管理要求整理现场。

（2）理解主轴工作原理与工作特性。

（3）能够进行主轴机械部件的装配调试。

7.2.3　任务分析

　　主轴部件是数控机床最重要的组成部分，主轴的好坏直接关系到机床的加工精度，主轴部件在外力的作用下将产生较大的变形，容易引起振动，降低加工精度和表面质量。为了使数控机床的主轴系统具有高的刚度，振动小，变形小，噪声低，良好的抵抗受迫振动能力的动态性能，选择主轴时就必须考虑主轴部件的变形。主轴部件是机床实现旋转运动的执行件，是机床上一个重要的部件。主轴部件由主轴、主轴支撑和安装在主轴上的传动件、密封件等组成，铣床的主轴部件还有拉杆和拉爪，如图 7-2 所示。

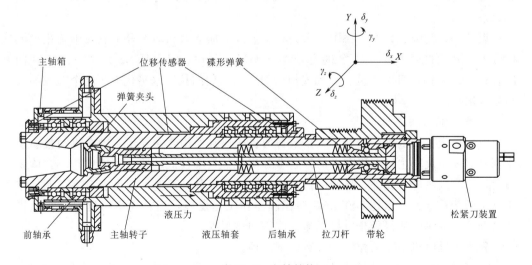

图 7-2　主轴结构

7.2.4 任务实施

7.2.4.1 相关知识

1. 电主轴结构及工作原理

电主轴由主轴电动机和机床主轴合为一体，通常采用的是交流高频电动机，故也称为"高频主轴"。

与传统机床主轴相比，电主轴具有如下特点：

（1）主轴由内装式电动机直接驱动，省去了中间传动环节，具有结构紧凑、机械效率高、噪声低、振动小和精度高等特点。

（2）采用交流变频调速和矢量控制，输出功率大，调整范围宽，功率转矩特性好。

（3）机械结构简单，转动惯量小，可实现很高的速度和加速度及定角度的快速准停。

（4）电主轴更容易实现高速化，其动态精度和动态稳定性更好。

（5）由于没有中间传动环节的外力作用，主轴运行更平稳，使主轴轴承寿命得到延长。

2. 国内外电主轴技术与发展趋势

电主轴最早用在磨床上，后来才发展到加工中心。强大的精密机械工业不断提出要求，使电主轴的功率和品质不断得到提高。目前电主轴最大转速可达 200000r/min，直径范围 33～300mm，功率范围 125W～80kW，扭矩范围 0.02～300nm。具有功率大、转速高，采用高速、高刚度轴承，精密加工与精密装配工艺水平高和配套控制系统水平高等特点。

国外高速电主轴技术研究较早，发展较快，技术水平也处于领先地位，并且随着变频技术及数字技术的发展日趋完善，逐步形成了一系列标准产品，使高转速电主轴在机床行业和工业制造业中被广泛使用。目前的重点是研究大功率、大扭矩、调速范围宽、能实现快速制启动、准确定位、自动对刀等数字化高标准电主轴单元。

近几年，美国、日本、德国、意大利、英国、加拿大和瑞士等工业强国争相投入巨资大力开发此项技术。著名的有德国的 GMN 公司、SIEMENS 公司，意大利的 GAMFIOR 公司及日本三菱公司和安川公司等，它们的技术水平代表了这个领域的世界先进水平。

3. 电主轴常用电机

（1）异步主轴电机。目前，大多数普通机床通常使用普通异步主轴电机间接驱动主轴。但异步调速主轴电机存在的问题十分明显：效率较低，转矩密度比较小，体积较大，功率因数低。此外，异步电机低速情况下转矩脉动严重，温度会升高，而且控制算法的运算量大。但是 DSP 等新型控制器在飞速发展，运算速度可满足异步电机的复杂控制算法，使得异步电机低速性能得到显著提升。

异步主轴电机主要的控制方法有以下两种：

1）矢量控制技术，转子磁链矢量的相角 $\theta\psi$ 是利用电机电压、电流信号或电流、速度信号观测转子磁链矢量而得到的，磁链采用闭环控制。转子磁链矢量的观测也受某些参数变化的影响，但比起间接矢量控制参数变化的影响更容易得到补偿，高速时可获得更精确的转子磁链矢量相角 $\theta\psi$，而且磁链闭环控制可进一步降低对参数变化的敏感性，提高磁场定向准确度。

2）直接转矩控制技术是继矢量控制技术之后发展起来的又一种新型的高性能交流调速技术，它避免了烦琐的坐标变换，充分利用电压型逆变器的开关特点，通过不断切换电压状态使定子磁链轨迹为六边形或近似圆形，控制定子磁链，也即调整定子磁链与转子磁链的夹角，从而对电机转矩进行直接控制，使异步电机的磁链和转矩同时按要求快速变化。在维持定子磁链幅值不变的情况下，通过改变定子磁链的旋转速度以控制电机的转速。

以上两种控制方法均能达到较好的控制效果，且目前已有许多成熟的应用。如德国 KEB 公司的带编码器反馈的闭环异步伺服系统，采用闭环矢量控制，并且同时支持增量型、正余弦及 SSI 编码器反馈，给系统的组成带来了极大的灵活性。

（2）永磁同步电机。永磁同步电机是另外一种主轴电机，其优点明显：转子温度升高降低，在低限速度下可以作恒转矩运行。转矩密度高，转动惯量小，动态响应特性更好。对比现有的交流异步电动机，有以下优点：

1）工作过程中转子不发热。

2）功率密度更高，有利于缩小电主轴的径向尺寸。

3）转子的转速严格与电源频率同步。

4）也可采用矢量控制。

但是一般情况下，永磁同步电机的同步转速不会超过 3000r/min，这就要求永磁同步电机具有较高的弱磁调速功能。在弱磁控制的区间内，电压通常会非常接近极限值，一旦超出电压极限椭圆，d 轴和 q 轴电流调节器将达到饱和，并相互影响，这样通常会导致电流、转矩输出结果变差。人们在弱磁控制方面也提出过不少方法，如改变转子结构、加上特殊铁芯构成磁阻以加大 l/d 与 l/q 的值等。但实际效果并不理想，并且主轴电机功率要求较高，用永磁同步电机的稀土材料成本过高。

（3）其他形式电机。其他形式电机如开关磁阻电机、同步磁阻电机作为机床主轴的应用，现在也开始慢慢被关注。

7.2.4.2 准备工作

主轴电机、内六角圆柱头螺钉、平垫圈、弹簧垫圈等。

7.2.4.3 实施步骤

1. 隔环研磨

（1）主轴内所有隔环都需用旋转工作台研磨处理，平面度精度控制在 0.002mm 以内，如图 7-3 所示。

（2）研磨 30 个隔环就要抽检一个，保证每一个隔环满足精度要求，如图 7-4 所示。

注意： 研磨时 X 轴不动。

设备及工量具：磨床、旋转工作台、超声波清洗机、气枪等。

图 7-3　　　　　　　　　　　　图 7-4

2. 超声波零件清洗

（1）将零件放入清洗网内，清洗网上放满就好，不能叠放，如图 7-5 所示。

（2）将网与零件放入超音波第一清洗槽清洗 2min 。超音波清洗第一槽水温调至在 35～40℃之间，如图 7-6 所示。

注意：零件不可叠放。

图 7-5　　　　　　　　　　　　图 7-6

（3）将零件从超音波第一槽取出放入第二槽清水内，启动超音波清洗 30s 拿出放入第三槽支架上用气枪吹干，如图 7-7 所示。

（4）马上放入防锈油槽内 5s 拿出，放到支架上 3min 左右，零件上油滴干，如图 7-8 所示。

注意：

1）隔环精度 0.002mm 以内。

2）零件清洗干净。

图 7-7　　　　　　　　　　　　图 7-8

（5）芯轴与套筒的清洗方法与隔环类似，芯轴浸泡油，滴干，如图7-9所示，套筒在用气枪吹时每个螺丝孔都要吹到，清洗好的轴套如图7-10所示。

注意：

1）零件轻拿轻放，不可叠放。

2）使用气枪时佩戴防护眼镜并打开排风扇。

图7-9　　　　　　　　　　　图7-10

3. 清洗轴承并涂润滑油

（1）轴承在拆之前须先配好组，拆开后不能随意打乱。清洗好一组后必须放在一起。组装时按组进行装配，如图7-11所示。

（2）轴承须清洗3次，从超声波清洗机第一槽到第三槽每槽用5min。每次拿出时须在去渍水里轻轻来回晃动5次以上。滴干、装箱备用，如图7-12所示。

注意： 轴承一盒两个，不要拆开使用；轴承放置槽放轴承前需先放网垫。

图7-11　　　　　　　　　　　图7-12

（3）洗好的轴承按组排开、晾干。20℃室温下至少2h，如图7-13所示。

（4）轴承上油用注射器，上油后涂抹均匀，如图7-14所示。

注意： 轴承要按量加油。

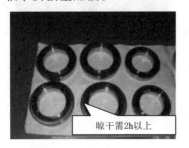

图7-13　　　　　　　　　　　图7-14

设备及工量具：轴承清洗槽、扭力扳手、开口扳手、注射器等。

4. 装碟形弹簧

（1）在四瓣爪第二个螺纹上滴一滴固定剂，用扭力扳手以 60N·m 的力锁紧，如图 7-15 所示。

（2）碟形弹簧与二硫化钼油在盒子里搅拌均匀，使每一片的每个面上都有油，如图 7-16 所示。

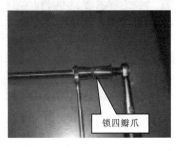 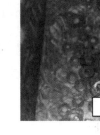

图 7-15　　　　　　　　　　　　图 7-16

（3）垫片沉孔向下，接下来装碟形弹簧，3 片开口向下，3 片开口向上，依次类推。如图 7-17 所示。

（4）装满 114 片。再锁上主轴后挡块螺帽。往下锁 8 圈。等装入主轴测拉力时再调节，如图 7-18 所示。

注意：

1）轴承清洗干净。

2）碟形弹簧上油均匀。

3）轴承不可打乱组合。

4）碟形弹簧装好后再次检查数量与排序。

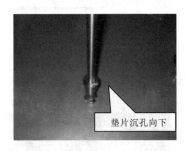 

图 7-17　　　　　　　　　　　　图 7-18

5. 轴承、隔环安装

（1）隔环安装的顺序，如图 7-19 所示。

（2）装第一个隔环，如图 7-20 所示。

设备及工量具：轴承加热器、扭力扳手、铜棒。

隔环顺序

图 7 - 19

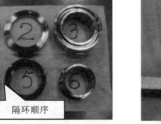
装第一个隔环

图 7 - 20

（3）装第二个隔环，如图 7 - 21 所示。

（4）填写主轴记录表，给主轴一个流水编号，在该表单中记录轴承公差。在轴承加热器加热轴承，把加热温度设定在 55℃，按启动键，轴承加热器发出报警信息，按停止键即可，如图 7 - 22 所示。

装第二个隔环

图 7 - 21

轴承加热

图 7 - 22

（5）70BNR10S 轴承、隔环安装顺序及方向，如图 7 - 23 所示。

（6）60BNR10S 主轴隔环安装顺序及方向，如图 7 - 24 所示。

轴承隔环安装

图 7 - 23

轴承隔环安装

图 7 - 24

6. 锁紧螺帽、安装键

（1）用扭力扳手锁紧 M70 的螺帽，第一次锁 24kgf·m 然后松开，再锁 22kgf·m，如图 7 - 25 所示。

（2）用铜棒装双头圆键。敲击安装时注意铜棒屑不要掉进轴承里，如图 7 - 26 所示。

注意：

1）装配方向与基准要在一条直线上。

2）加热温度 55℃。

3）装配过程中注意零件的清洁及工具的清洁。

4）装双头圆键时必须下面有支撑点，且要让主轴保持横向。减少进屑的风险。

图 7 - 25　　　　　　　　　　　　图 7 - 26

7．精度校正

（1）将试棒拉钉拆下，用治具拉杆把试棒固定在主轴锥孔上。千分表吸在工作台上，在试棒 300mm 处校正打表，如图 7 - 27 所示。

（2）通过锁螺帽止附螺丝来调整精度，从低点锁紧。精度校正在 0.005mm 以内，用扭力扳手锁紧力为 10N·m 锁紧一圈并画上记号，如图 7 - 28 所示。

设备及工量具：轴承加热器、扭力扳手、千分表及磁性座、治具深度规等。

图 7 - 27　　　　　　　　　　　　图 7 - 28

8．预压值检测

（1）将主轴放在治具上，用深度规测出隔环加轴承的值，并做好记录，如图 7 - 29 所示。

（2）用深度规测出套筒从端面到台阶面的值，并做好记录，如图 7 - 30 所示。

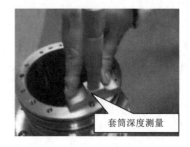

图 7 - 29　　　　　　　　　　　　图 7 - 30

9. 安装水套环

(1) 装上 3 根 MD02 - 130 的 O 形环，并在它上面抹上固体润滑油，如图 7 - 31 所示。

(2) 将水套环放到加热器上，加热到 60℃后再安装，如图 7 - 32 所示。

图 7 - 31   图 7 - 32

(3) 装上水套环用治具和橡胶锤轻轻敲至平衡状态，如图 7 - 33 所示。

(4) 装 4 颗 1/8 止附螺丝，螺丝上缠 3 圈生料带。锁紧后必须是平或凹进不超过 2mm，如图 7 - 34 所示。

注意：

1) 300mm 长校正在 0.005mm 以内。

2) 4 颗 1/8 止附螺丝锁紧后必须是平或凹进不超过 2mm。

3) 量测数据必须是 3 次以上的稳定量。

4) O 形环装配前每根都要仔细检查，如有瑕疵（毛边、缺口、椭圆等）及国产都不可用。

图 7 - 33   图 7 - 34

10. 安装皮带轮

(1) 双手抱起套筒平稳地从上往下放，注意保持平衡如图 7 - 35 所示，如套筒公差减轴承公差为负值，可加热到 40℃再安装。

(2) 皮带轮加热至 70℃再安装，如图 7 - 36 所示。

注意：

1) 按指定的扭力值来锁。

2) 皮带轮有迷宫的面向下。

3）铝块有螺丝孔的面向上。

设备及工量具：轴承加热器、扭力扳手、内六角扳手组、扭力头等。

图 7 - 35　　　　　　　　　　图 7 - 36

（3）戴上隔热手套双手拿平，保持平衡对准定位键往下放，如有点紧，双手用力按住上端向下压，如图 7 - 37 所示。

（4）用扭力扳手锁紧螺帽，锁紧力矩为 22kgf·m，松开后，再锁紧力矩 20kgf·m，如图 7 - 38 所示。

图 7 - 37　　　　　　　　　　图 7 - 38

（5）用扭力扳手 10N·m 的力将 3 颗止附螺丝锁紧，如图 7 - 39 所示。

（6）用记号笔画上记号，如图 7 - 40 所示。

图 7 - 39　　　　　　　　　　图 7 - 40

（7）用铜棒将铝块定位键轻轻敲进去，如图 7 - 41 所示。

（8）感应块与铝块螺丝孔位对准，用 M4×8 的平头螺丝，用 2.5 号内六角扳锁紧，如图 7 - 42 所示。

图 7-41   图 7-42

11. 装铝块

(1) 将铝块加热到 70℃，如图 7-43 所示。

(2) 双手戴上隔热手套，两手平拿铝块对准键槽往下装即可，如装到一半卡住，可用橡胶向下锤敲键槽的位置，如图 7-44 所示。

设备及工量具：平板轴承加热器、扭力扳手、橡胶锤、六角扳手、深度规等。

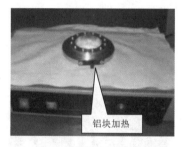

图 7-43   图 7-44

(3) 铝块侧面装 4 颗 M6×8 的止附螺丝。一个螺丝孔里装 2 颗，里面 2 颗对角锁紧后，再对角锁外面的 2 颗，如图 7-45 所示。

(4) 把装好的拉杆放入主轴内，装到一半时会卡住，用手 360°轻摇拉杆几圈就会放下去，如图 7-46 所示。

图 7-45   图 7-46

12. 前端盖安装

(1) 前端盖尺寸等于套筒测出的尺寸减去轴承加隔环测出的尺寸，加上 0.03mm 预压值，用磨床加旋转工作台研磨出所需要的值，平行精度控制在 0.005mm 以内，如图 7-47 所示。

(2) 用 M6×16 的内六角将前端盖安装上，如图 7-48 所示。

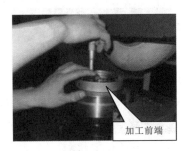

加工前端

图 7 - 47

对角锁紧螺丝

图 7 - 48

（3）装前端盖必须按对角锁紧的方式，扭力先用 10N·m 对角锁一遍再用 16N·m 对角锁紧，如图 7 - 49 所示。

（4）在主轴套筒上印上主轴流水编号。印在两个最近的螺丝孔中间，也就是装到机台上的正前方，如图 7 - 50 所示。

注意：

1）研磨后平行度 0.005 以内。

2）螺丝对角锁紧。

3）量测数据必须是 3 次以上的稳定量。

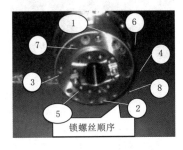

锁螺丝顺序

图 7 - 49

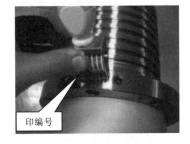

印编号

图 7 - 50

13. 拉力与精度检测

（1）夹刀，用气枪插入打刀缸气管吹气，左上右下，如图 7 - 51 所示。

（2）将拉力计夹到主轴锥孔内，读取拉力值。单位 kN。测量 3 次，记录取最小值。标准值为 10～11kN，如图 7 - 52 所示。

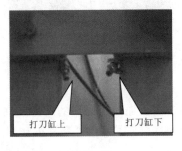

打刀缸上　　打刀缸下

图 7 - 51

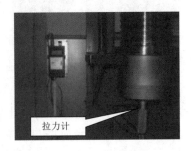

拉力计

图 7 - 52

设备及工量具：打力治具、扭力扳手、千分表及磁性座、拉力计。

（3）用活动扳手夹住拉杆上端，再用 24 号开口扳手锁弹簧挡块螺帽，往下锁拉力加大、往上锁拉力减小，如图 7-53 所示。

（4）拉力调好后，用活动扳手加 24 号开口扳手将两个螺帽锁紧，如图 7-54 所示。

图 7-53　　　　　　　　　　　　　　图 7-54

（5）在锁紧的两个螺帽上用记号笔画一条直线记号，如图 7-55 所示。

（6）主轴夹试棒，千分表吸在主轴上，分别于试棒 300mm 和 100mm 处检测圆跳动。标准值为 0.010mm 以内和 0.005mm 以内。试棒转动 3 个方向测试，记录最大值，如图 7-56 所示。

图 7-55　　　　　　　　　　　　　　图 7-56

（7）锁拉杆压盖用 M5×20 的内六角加弹垫，用扭力扳手以 10N·m 的扭力对角锁紧，锁紧后再将试棒从锥孔里取出，如图 7-57 所示。

（8）装主轴定位键，用 M6×16 内六角扳手锁紧即可，如图 7-58 所示。

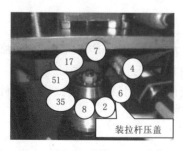
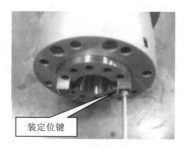

图 7-57　　　　　　　　　　　　　　图 7-58

注意：

1）试棒 300mm 长校正在 0.010 以内。

2）拉力：10～11kN。

3）测量数据必须是 3 次以上。

4）拉力记录最小值，精度记录最大值。

7.3　主轴功能调试

7.3.1　任务导入

某 GSK218M－CNC 系统数控机床配备变频主轴，开机启动后发现主轴不转，或者转速不受控。经排查，发现引发上述故障的原因不在于机械与电气连接方面。那引发这些故障的原因到底是什么呢？该如何检测并排除类似故障以及调整主轴功能呢？

7.3.2　任务目标

（1）能正确操作机床所用的变频器。

（2）能使用系统参数、变频器参数等对数控机床主轴功能进行调整。

（3）能诊断并处理常见的因参数设置不当而引起的主轴故障。

7.3.3　任务分析

变频主轴不转，或者转速不受控制，如果在排除了机械与电气方面的故障原因之后，故障还存在，那么很有可能是系统参数或变频器参数的设置出了问题。因此，掌握数控机床主轴控制 CNC 参数及变频器参数的含义并能正确设置，是解决此类故障的关键，也是主轴功能调整的关键。

7.4　进给系统的功能调试

7.4.1　任务导入

使用 GSK218M－CNC 系统配置 DA98 驱动器的某数控机床加工零件时，发现工件尺寸与实际尺寸相差有几毫米，或某一轴向尺寸有很大变化，近 1mm 之多。经排查，引发上述故障的原因不在编程及工艺等方面。那引发这些故障的原因到底是什么呢？要怎样检测并排除类似故障呢？

7.4.2　任务目标

（1）熟悉 DA98 操作。

（2）会正确设置驱动器，能调整齿轮比、加减速特性，能对机床反向间隙进行补偿。

（3）能在手动方式、MDI 方式下完成数控机床进给轴的调试。

（4）能完成试车工件的编程与加工，能使用通用量具对所试切的工件进行检测，并进行误差分析与调整。

7.4.3　任务分析

引发上述故障的原因既然不在编程与工艺等方面，那很有可能是相关参数设置不合理。工件尺寸与实际尺寸相差有几毫米，或某一轴向尺寸有很大变化，很有可能是丝杠反向间隙误差较大，可通过合理修改电子齿轮比来修正该误差，而电子齿轮比可通过调整驱动器或数控系统的相关参数来修改；切削螺纹时乱牙，很有可能是线性加减速时间常数以及螺纹指数加减速时间常数等参数设置不合理。

7.5　典型数控机床四工位刀架的安装与调试

7.1

7.5.1　任务导入

某公司生产某一系列的数控机床，配备电动刀架，如图7-59所示，本任务是对其进行机械保养及检查。

7.5.2　准备工作

7.5.2.1　资料准备

本任务需要的资料如下：

（1）该数控机床使用说明书。

（2）电动刀架使用说明书。

7.5.2.2　工具准备

本任务需要的工具和材料清单见表7-4。

图7-59　电动刀架

表7-4　　　　　　　　　　　　需要的工具和材料清单

类　型	名　称	规　格	单　位	数　量
工具	螺丝刀	一字	套	1
	螺丝刀	十字	套	1
	内六角扳手	2～19mm	套	1
	锤子	300mm	把	1
	定位销冲子	根据实际情况选用	个	1
	活扳手	200mm×24mm	把	1
材料	润滑脂	根据实际情况选用	桶	适量
	煤油	根据实际情况选用	升	适量
	机油	根据实际情况选用	升	适量

7.5.2.3　知识准备

1. 数控机床自动换刀装置

数控机床为了在一次工件装夹中能够完成多道甚至所有加工工序，以缩短辅助时间，减少多次装夹工件引起的误差，通常配有自动换刀装置。自动换刀装置应当满足换刀时间短、刀具重复定位精度高、足够的刀具存储及安全可靠等要求，其结构取决于机床的形式、工艺的复杂程度及刀具的种类和数量等。数控机床常用的自动换刀装置有以下3种。

（1）排刀式刀架。排刀式刀架一般用于小规格数控机床，尤其以加工棒料为主的机床最为常见，其结构形式为夹持着不同用途刀具的刀夹，并沿着机床的 X 轴方向排列在横向滑板或快换台板上，如图 7 - 60 所示，其典型的布置方式如图 7 - 61 所示。排刀式刀架的特点之一是刀具布置和机床调整都较方便，可以根据工件车削工艺

图 7 - 60　快换台板

的要求任意组合不同用途的刀具，一把刀完成车削任务后，横向滑板只要按程序沿 X 轴移动预先设定的距离后，第二把刀就到达加工位置，这样就完成了机床的换刀动作，迅速省时，有利于提高机床的生产效率；特点之二是使用快换台板可以实现成组刀具的机外预调，即机床在加工某一工件的同时，可以利用快换台板在机外组成加工同一种零件或不同零件的排刀组，利用对刀装置进行

预调。当刀具磨损或需要更换加工零件品种时，可以通过快换台板来成组地更换刀具，从而使换刀的辅助时间大为缩短；特点之三是可以安装不同用途的动力刀具，如图 7 - 62 中刀架两端的动力刀具，来完成一些简单的钻、铣、攻螺纹等二道加工工序，从而使机床可在一次装夹中完成工件的全部或大部分加工工序；特点之四是结构简单，可在一定程度上降低机床的制造成本。

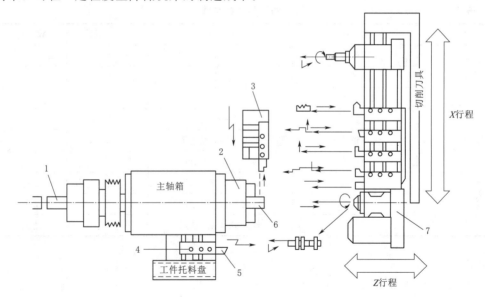

图 7 - 61　排刀式刀架典型的布置方式

1—棒料送进装置；2—卡盘；3—切断刀架；4—切向刀架；5—去毛刺和背面加工刀具；

6—工件；7—附加主轴头

　　然而，排刀式刀架只适用于加工旋转直径比较小的工件，主要应用于较小规格的机床，不适用于加工较大规格的工件或细长的轴类零件。一般来说，旋转直径超过 100mm 的机床大都不用排刀式刀架，而是采用转塔式刀架。

（2）经济型数控机床方刀架。经济型数控机床方刀架是在普通车床四方刀架的基础上发展而来的一种自动换刀装置，其功能和普通机床四方刀架一样：有四个刀位，能装夹四把不同功能的刀具，方刀架每回转90°，刀具就交换一个刀位，但其回转和刀位号的选择是由程序指令控制的。换刀时的动作顺序是：刀架抬起、刀架转位、刀架定位和夹紧刀架。为完成上述动作要求，必须要有相应的机构来实现，下面就以 WZD4 型刀架为例说明其具体结构，如图 7-62 所示。

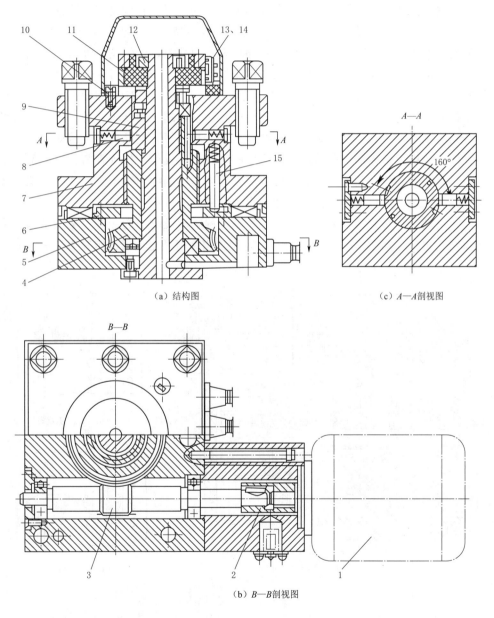

（a）结构图

（c）*A—A*剖视图

（b）*B—B*剖视图

图 7-62　WZD4 型刀架

1—电动机；2—联轴器；3—蜗杆轴；4—蜗轮丝杆；5—刀架底座；6—粗定位盘；7—刀架体；
8—球头销；9—定位套；10—电刷座；11—发信体；12—螺母；13、14—电刷；15—粗定位销

　　WZD4 型刀架可以安装 4 把不同的刀具，转位信号由加工程序指定。当换刀指令发出后，电动机启动正转，通过平键套筒联轴器使蜗杆轴转动，从而带动蜗轮丝杠转动（蜗轮的上部外圆柱加工有外螺纹，所以该零件称蜗轮丝杠）。刀架体内孔加工有内螺纹，与蜗轮丝杠旋合。在转位换刀时，刀架中心轴固定不动，蜗轮丝杠环绕中心轴旋转。当蜗轮开始转动时，由于在刀架底座和刀架体上的端面齿处在啮合状态，且蜗轮丝杠轴向固定，这时刀架体抬起至一定距离使端面齿脱开时。转位套用销钉与蜗轮丝杠连接，随蜗轮丝杠一同转动，当端面齿完全脱开时，转位套正好转过 160°，如图 7 - 62（c）所示，球头销在弹簧力的作用下进入转位套的槽中，带动刀架体转位。刀架体转动时带着电刷座转动，当转到程序指定的刀号时，定位销在弹簧的作用下进入粗定位盘的槽中进行粗定位，同时两个电刷接触导通，使电动机反转，由于粗定位槽的限制，刀架体不能转动，使其在该位置垂直落下，与刀架底座上的端面齿啮合，实现精确定位。电动机继续反转，此时蜗轮停止转动，蜗杆轴继续转动，随夹紧力增加，转矩不断增大，当达到一定值时，在传感器的控制下，电动机停止转动。

　　译码装置由发信体和电刷组成，两个电刷分别负责发信和位置判断。刀架不定期会出现过位或不到位，此时可松开螺母调好发信体与电刷的相对位置。这种刀架在经济型数控机床及普通机床的数控化改造中得到了广泛的应用。

　　（3）电动机传动的转塔刀架。图 7 - 63 是一种电动机驱动的转塔刀架的结构，采用端盘结构定位。如图 7 - 63（a）所示，定齿盘用螺钉及定位销固定在刀架体上，动

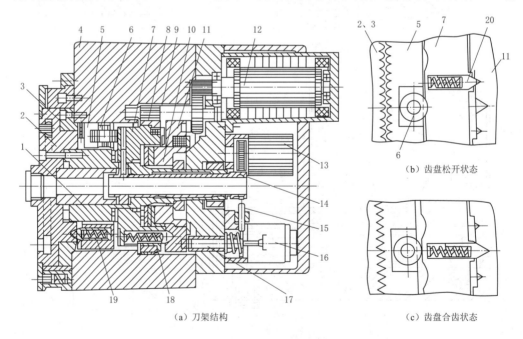

（a）刀架结构　　　　　　　　　（c）齿盘合齿状态

图 7 - 63　转塔刀架的结构

1—中心轴套；2—动齿盘；3—定位盘；4—刀架体；5—可轴向移动齿盘；6—滚子；7—端面凸轮盘；
8—齿圈；9—缓冲器；10—驱动套；11—驱动盘；12—电动机；13—编码器；14—轴；
15—无触点开关；16—电磁铁；17—插销；18—蝶形弹簧；19、20—定位销

齿盘用螺钉及定位销紧固在中心轴套上（动齿盘左端面可安装转塔刀盘），动齿盘和定齿盘对面有一个可轴向移动的齿盘，齿长为两者之和，当其沿轴向左移时，合齿定位（夹紧），其沿轴向右移时，脱齿（松开）。

可轴向移动的齿盘的右端面，在三个等分位置上装有 3 个滚子，滚子在碟形弹簧的作用下，始终顶在端面凸轮盘的工作表面上，其工作情况如图 7 - 63（b）（c）所示。当端面凸轮盘回转使滚子落入端面凸轮的凹槽时，可轴向移动的齿盘右移，齿盘松开、脱齿；当端面凸轮盘反向回转时，端面凸轮盘的凸面使滚子左移，可轴向移动的齿盘左移，齿盘合齿、定位，并通过碟形弹簧将齿盘向左拉使齿盘进一步贴紧（夹紧）。

端面凸轮盘除控制齿盘、脱齿（松开）、合定位（夹紧）之外，还带动一个与中心轴套用齿形花键相连的驱动套和驱动盘，使转塔刀盘分度。此外，端面凸轮盘的右端面的凸出部分，还能带动驱动盘、驱动套和中心轴回转进行分度。

整个换刀动作，脱齿（松开）、分度和合定位（夹紧），共用一个交流电动机驱动，经两次减速将动力传到套在端面凸轮盘外圆的齿圈上。此齿圈通过缓冲器（减少传动冲击）和端面凸轮盘相连，同样驱动盘和中心轴上的驱动套之间也有类似的缓冲器。

编码器用于识别刀位，且与中心轴套中间的齿形带轮轴通过齿形带相连。当数控系统收到换刀指令后，自动判断路程最短的回转分度，然后发出指令使电动机转动，转塔刀盘脱齿（松开）、按最短路程分度，当编码器测到分度到位信号后电动机停转，接着电磁铁通电使插销左移，并插入驱动盘的孔中，然后电动机反转，转塔刀盘完成合齿定位（夹紧），电动机停转。电磁铁断电，弹簧使插销右移，无触点开关用于检测插销退出信号。

2. 刀架的维护

对于刀架的维护，主要包括以下 8 个方面。

（1）每次开关机都要清扫散落在刀架表面的灰尘和切屑。因为刀架体容易积留一些切屑，几天就会粘连成一体，清理起来很费事，且容易与切削液混合氧化腐蚀。特别是刀架体，都是旋转时抬起，到位后反转落下，最容易将未及时清理的切屑卡在里面。

（2）及时清理刀架体上的异物，防止其进入刀架内部，保证刀架换位的顺畅，利于刀架回转精度的保持。及时清洁刀架内部机械接合处，以免产生故障，如内齿盘上有碎屑就会造成夹紧不牢或导致加工尺寸变化不定。

（3）保持刀架的润滑良好，定期检查刀架内部的润滑情况。如果润滑不良，易造成旋转件干摩擦甚至咬死，导致刀架不能启动。

（4）尽可能减少腐蚀性液体的喷溅，若无法避免，则应在关机后及时擦拭涂油。

（5）注意刀架预紧力的大小调节要适度，如预紧力过大会导致刀架不能转动。

（6）经常检查并紧固连线、传感器元件盘（发信盘）、磁铁，注意发信盘螺母连接紧固，如松动易引起刀架的越位过冲或转不到位。

（7）定期检查刀架内部机械配合是否松动，以免发生刀架不能正常夹紧的情况。

（8）定期检查刀架内部的后靠定位销、弹簧、后靠棘轮等是否起作用，以免造成机械卡死。

7.5.3　实施步骤

根据图 7-64 所示的电动刀架结构，进行机械拆卸检查及保养，步骤见表 7-5。

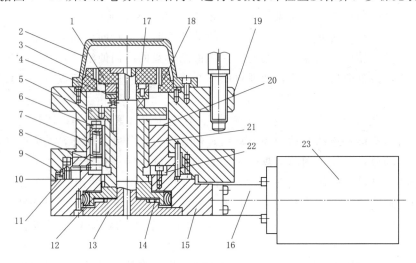

图 7-64　电动刀架结构

1—发信盘；2—铝罩；3—大螺母；4—止退圈；5—离合盘；6—离合销；7—螺母；8—反靠销；
9—外端齿盘；10—防护罩；11—刀架基面；12—蜗轮；13—主轴；14—滚针轴承；
15—下刀体；16—连接座；17—小螺母；18—罩座；19—上刀体；
20—F 面；21—螺杆；22—反靠盘；23—电动机

表 7-5　　　　　　　　　　　　机械拆卸检查及保养步骤

序号	操作步骤	示意图
1	卸下端盖，转动蜗杆，使刀架处于松开状态	
2	拆下刀架铝盖、罩座	

序号	操作步骤	示意图
3	拆下发信盘上的 6 根信号线（注意各线接线位置）	
4	松开小螺母，拆下发信盘	
5	松开大螺母中的两只防松螺钉，卸下大螺母、止退圈、轴承和离合盘	
6	将上刀体向上拉出，卸下螺杆	
7	卸下下刀体与机床中拖板连接的 4 颗内六角螺钉及插销，将刀架从机床上卸下	

续表

序号	操作步骤	示意图
8	卸下刀架底部的 3 颗螺钉,将 6 根信号线从主轴中抽出,从底部取出主轴	
9	卸下刀架电动机、连接座	
10	从端盖处向连接座方向,敲出蜗杆	
11	清洗各部件,旋转部位加润滑脂,端齿部位及旋转基面,加注洁净机油	图略
12	按拆卸顺序的逆顺序安装	图略

7.5.4 任务拓展

现有一台倾斜床身的数控机床,装配刀塔形的自动换刀装置,要求给出该机床的机械检查及保养方法,并完成机械检查及日常保养。

7.6 数控机床整机安装

数控机床属于高精度、自动化机床,必须安装、调试和验收合格后,才能投入生产。数控机床整机的安装与调试是机床使用前期的一个重要环节,其目的是使数控机床达到出厂时的各项性能指标,从而使数控机床各项功能正常运行,并且使加工精度达到客户的要求。7.6 和 7.7 主要包括数控机床整机安装、数控机床整机调试任务。通过完成上述工作任务,学生能够具备数控机床整机安装与调试的职业能力。

7.6.1　任务导入

现有一台某机床生产厂家生产的水平床身的数控机床，如图 7-65 所示，要求完成该车床的整机安装工作。

7.6.2　任务准备

7.6.2.1　资料准备

本任务需要的资料如下：

（1）该机床的安装说明书。

（2）该机床的使用说明书。

图 7-65　数控机床

7.6.2.2　工具、材料准备

本任务需要的工具和材料清单见表 7-6。

表 7-6　　　　　　　　　　　需要的工具和材料清单

类型	名　　称	规　　格	单位	数量
工具	精密水平仪	0.02/1000mm	块	2
	起吊机	10t	台	1
	钢丝绳、枕木、撬棍	根据实际情况选用	—	若干
	减振垫铁	根据实际情况选用	组	16
	螺丝刀	一字	套	1
	螺丝刀	十字	套	1
	内六角扳手	2～19mm（14pcs）	套	1
	杠杆式千分表	0～0.6mm（0.002mm）	个	1
材料	除油剂	TA-39	瓶	1
	润滑油	♯20、♯35	升	20

7.6.2.3　知识准备

数控机床的安装是数控机床调试前的重要工作，只有完成了安装工作，才能进行调试工作。

7.6.2.4　技术准备

1. 环境要求

安装数控机床时要有足够的面积和空间，不能有阳光直射，附近不能有热源，采光、环境温度和湿度应适宜，并符合所安装数控机床给定的技术要求。

对于普通精度的数控机床的安装，一般对环境温度没有特殊要求，但是在一天的工作时间范围内，环境温度波动不能过大。因为较大的环境温度波动会影响数控机床的精度，也会给数控机床的热稳定性带来不良影响，同时也直接或间接地影响被加工零件的精度。

而精密数控机床的安装对环境温度有一定的要求，一般为（20±2）℃，并要安装在具有中央空调的房间内。注意：不能用单独的空调设备，如挂式空调、柜式空调及分体式空调等，以免机床局部过热或过冷对加工造成影响。

对于高精度或超精密的数控机床，特别是一些高精度或超精密的数控坐标床和数控坐标磨床，其安装对环境温度的要求更高，一般为（20±1）℃，甚至还有要求为(20±0.5)℃的数控机床，并且这些机床对室内的设备数量、人员流动等都有特殊的要求。这是因为室内设备多了会增加热源，使数控机床自身的热稳定时间延长或间断变化；过多的人员流动会使空气温度产生波动，使超精密机床出现微小的热胀冷缩变化，影响零件的加工精度，同时还会加快数控机床的机械运动部件摩擦。

除环境温度外，数控机床的安装对环境的相对湿度也有比较严格的要求，一般要求在 75% 以内。一些进口的精密数控机床对环境相对湿度的要求还要高一些。因为如果室内相对湿度较大，会使电气元件、检测元件受潮而出现锈斑或锈蚀现象，从而使数控机床不能正常工作。

因此，当安装数控机床时，特别是安装高精度或超精密的数控机床时，一定要按照数控机床的要求严格控制环境温度和相对湿度，给数控机床的使用提供良好的前提条件。

2. 地基要求

通常，机床在运到用户之前就要按双方签订的合同要求，由数控机床生产厂家将用户订购的数控机床地基图提供给用户，作为用户安装数控机床的技术条件之一，让用户把地基准备好。

数控机床种类较多，一般小型数控机床不需再准备特殊的地基，可以直接使用所建厂房的通用地基，而大型或精密型的数控机床则需要按要求制作地基。

一般来说，在安装大型或精密型的数控机床时需要提前将螺钉孔制作好，以便数控机床到位后固定地脚螺钉。图 7-66 为某数控机床的地基和地脚螺钉位置图。

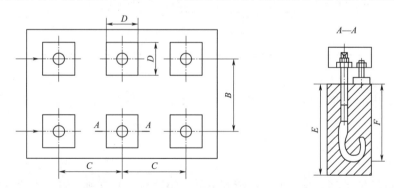

图 7-66　某数控机床的地基和地脚螺钉位置图

大型或精密型数控机床的安装不仅对 6 个地脚钉孔的长×宽×深（$L \times D \times E$）和螺钉的深度有具体要求，同时，对 6 个地脚螺钉孔的位置也有具体要求。

目前，有许多数控机床不用地脚螺钉，而是用减振垫铁作为数控机床的支承点。也就是说，数控机床的床身不需要与地面紧固，只把机床放在减振垫铁上即可。当调整机床水平时，只要调整减振垫铁的高低即可。图 7-67 为某数控机床用减振垫铁的地基图。

图 7-67 中共有 5 个支承点，其中 3 个 A 为主要支承点，2 个 B 为辅助支承点。

数控机床只要放在这 5 个支承点上，就不需要用地脚螺栓紧固。当调整机床水平时，只要先调整 3 个 A 点的减振垫铁，使机床处于要求的水平状态，再调整 2 个 B 点的减振垫铁与机床底面牢靠接触就可以了。当然，这种不需要地脚螺钉的数控机床床身和需要地脚螺钉的数控机床床身在设计上是不同的。

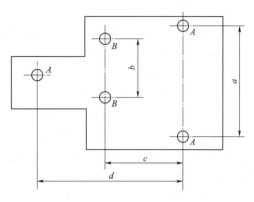

图 7-67　某数控机床用减振垫铁的地基图

另外，在安装一些普通精度的数控机床时，对地基面的平面度有一定要求，即在制作地基地面、地面抹平时，安装数控机床的位置允许每平方米有 1～2mm 的误差，或者安装整体机床地面的平面度要在一定的要求范围内。

3. 电压要求

我国供电制式是三相交流 380V 或单相交流 220V，供电频率为 50Hz。而有些国家的供电制式和供电频率与我国的不同，如有的供电制式是交流 200V，供电频率采用 60Hz。因此，这些国家在制造数控机床时，电源电压的要求应与之相适应。为了满足不同用户的需要，生产厂家通常在数控机床电源输入电压的前端配备电源变压器，变压器上设有多个插头供用户使用，同时还设有 50/60Hz 频率转换开关。在订购数控机床时，要了解清楚所订数控机床对电压和频率的要求。变压器可以随数控机床订购，也可以单独订购。不管采取哪种订购方式，必须在数控机床安装以前或安装的同时准备好。

数控机床对电源电压的波动范围有规定，我国的行业标准《机床数控系统通用技术条件》规定电压的波动范围为 ±（10%～15%）。有些高精度的数控机床要求电源电压的波动范围为 ±（5%～10%）。目前，我国的电网电压波动比较大，电气干扰也比较严重，为了正确使用好数控机床，降低数控机床的故障率，在安装数控机床前就要配备好相应的稳压电源（稳压器）。

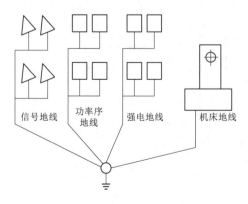

信号地线　功率序地线　强电地线　机床地线

图 7-68　数控机床一点接地法示意

4. 接地要求

众所周知，数控装置与外部 MDI/CRT 单元、强电柜、机床操作面板、进给伺服电动机的动力线与反馈信号线、主轴驱动电动机的动力线与反馈信号线、手摇脉冲发生器等最后都要进行地线连接。数控机床的地线连接十分重要，良好的地线连接不仅能够保障设备和人身的安全，还能减少电气干扰，保证数控机床的正常运行。图 7-68 为数控机床一点接地法示意。

一般厂房都具备接地装置，在数控机

床安装时，要认真检查这些接地装置。有些数控机床，特别是一些精密或超精密的数控机床对机床的外部接地还有特殊要求，因此需要单独接地。一般地线都采用辐射式接地法，即将数控机床所有需要接地的电缆都连接到公共接地上，公共接地点再与大地相连。同时，数控柜与强电柜之间应有足够粗的保护接地电缆，截面积应在 5.5～14mm^2 之间；而总的公共接地点必须与大地接触良好，一般要求接地电阻的范围为 4～7Ω。一些高精度的数控机床对接地电阻还有更高的要求，如小于 3Ω 等。

由此可见，数控机床在安装前必须检查或准备好外部接地装置，并保证其具有良好的接地电阻，这样才能在保证人身和设备安全的同时，也能保证数控机床的正常运行，使数控机床具有良好的抗干扰能力。

5. 气源要求

大多数数控机床都要使用压缩空气，通常要求压缩空气的压力为 0.4～0.6MPa，也有的数控机床要求 0.5～0.8MPa，而许多厂具有集中供应压缩空气的设备或压缩空气站。如果购买的数控机床所要求的压缩空气压力超出了用户所提供的压力范围，或者用户没有集中供应压缩空气的系统，那么在安装数控机床前还要准备好单独提供压缩空气的空气压缩机。

在选购空气压缩机时，一定要按照厂家或机床说明书中提供的技术参数或技术数据进行选购，所需压缩空气的压力、流量必须满足要求，否则数控机床不能正常工作。

不管采用什么方式给数控机床提供气源，在输入数控机床的前端，都需安装一套气源净化装置来除湿、除油及过滤，以达到机床说明书的技术要求。一旦未过滤的水、油及污物进入数控机床的气动系统中，就会缩短机床的使用寿命。

6. 液压油、润滑油、切削液及防冻液的准备

在安装数控机床前，应按照说明书的要求将液压油、润滑油、切削液及防冻液按型号、牌号及数量准备好，并放置在现场。在数控机床安装完毕后，应将各种润滑油、液压油加入机床中，切削液、防冻液也应当按要求加好。如果这些工作不提前准备好，待数控机床安装完成，准备通电试机或要开始调试数控机床时才去准备，势必影响工作的进度。数控机床安装前的准备流程如图 7-69 所示。

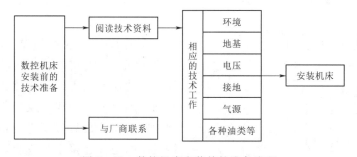

图 7-69 数控机床安装前的准备流程

7.6.3 任务实施

1. 开箱

开箱时要取得生产厂商的同意，最好有厂商在现场指导，一旦发现运输过程中的

问题可及时解决。对于进口数控机床，必须按照规定通知商检部门到达现场，经其同意后才能开箱，同时商检部门对开箱的全过程进行监管。开箱后商检部门要检查设备的外观质量，对以后的设备验收也实施监控，若出现外在或内在的质量问题，商检部门将与外商交涉协商解决。

在开箱之前，要将包装箱运至机床安装位置的附近，以免在拆箱后因较长距离的搬运而引起长时间振动和灰尘、污物的侵入。当室外温度与室内温度相差较大时，应使机床温度逐步过渡到室温，避免由于温度的突变造成空气中的水汽凝聚，以致在数控机床的内部零件或电路板上引起锈蚀。

在拆箱时，一般应先拆去顶盖，然后再拆4个侧板。在拆卸包装箱时，一定要注意不要让包装箱板碰坏机床，特别是机床的电动机、电器柜、CRT显示器和操作面板等。

拆除顶盖和4个侧板后，先要检查机床的运输情况，如发现问题应及时与生产厂商或有关部门联系。如果没有问题，可拆除包装机床的密封罩，取出机床资料、说明书及装箱清单。

2. 检查外观

打开机床包装箱及包装密封罩以后，要认真、彻底地检查数控机床的全部外观，如果发现碰伤、损坏以及被盗等现象，要及时与厂商或有关部门联系。很多中、大型数控机床一般是由两个或两个以上的包装箱分开包装机床的附件、部件和备件等。附件一般有切削液装置、排屑器、液压装置等；部件一般有刀库、工作台及托盘等；更大的设备还会将床身解体分开包装。但不管有多少包装箱，包装箱打开后都必须认真检查其外观。

3. 按照装箱清单清点机床附件、备件、工具及资料说明书

拿到装箱清单后，按照清单认真清点机床各附件、备件、工具、刀具及有关资料和说明书等。通常在清点装箱清单时，厂商要有代表在场。如果是进口设备，厂商代表、商检部门人员都要在场，以便出现问题及时登记、处理。

4. 吊装就位

数控机床由于体积比较庞大，机床的就位应考虑吊装方法。机床的起吊应严格按照说明书的吊装图进行。起吊时，注意机床的重心和起吊位置，必须保证机床上升时底座呈水平状态。当吊运加工中心时，直接将钢丝绳套在床身的吊柄上，吊钩通过吊杆将两组钢丝绳近似垂直起吊，钢丝与机床及防护板的接触处必须用木块垫上，或在钢丝绳表面套上橡皮管，以免擦伤机床及防护板。待机床吊起离地面 $100\sim200\mathrm{mm}$ 时，应仔细检查悬吊是否稳固。确认稳固后再将机床缓缓地送至安装位量，并使减振垫铁、调整垫板、地脚螺栓对号入座。

5. 水平调整

机床的水平调整是数控机床安装的主要内容之一，也是数控机床能够保证加工精度的前提条件。水平调整是指机床吊装到位后，在自由状态下，将水平仪放在机床的主要工作面（如机床导轨面或装配基面）进行找平。找平后将地脚螺栓均匀地锁紧并在地脚螺栓预留孔中浇注水泥。在评定机床安装水平时，水平仪读数不应大于 0.02/

1000mm。在测量安装精度时，应选取一天中温度恒定的时候。

机床安装就位后，应注意如下技术要求。

（1）垫铁的型号、规格和布置位置应符合设备技术文件的规定。当无规定时，应符合下列要求：每一地脚螺栓近旁，应至少有一组垫铁；垫铁组在能放稳和不影响灌浆的条件下，宜靠近地脚螺栓和底座主要受力部位的下方；相邻两个垫铁组之间的距离不宜大于 800mm；机床底座接缝处的两侧，应各垫一组垫铁；每一垫铁组的块数不应超过 3 块。图 7-70 为垫铁放置示意图。

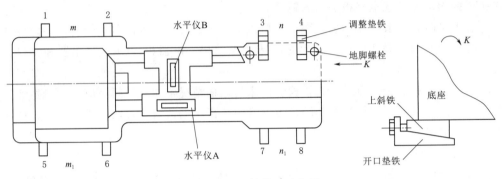

图 7-70   垫铁放置示意图

（2）每一垫铁组应放置整齐、平稳且接触良好。部分常用调整垫铁见表 7-7。

表 7-7   部 分 常 用 调 整 垫 铁

名称	图　示	特点和用途
斜垫铁		斜度 1：10，一般配置在机床地脚螺栓附近，成对使用。用于安装尺寸小、要求不高、安装后不需要再调整的机床，亦可使用单个结构，此时与机床底座为线接触，刚度不高
开口垫铁		直接卡入地脚螺栓，能减轻拧紧地脚螺栓时使机床底座产生的变形
带通孔斜垫铁		套在地脚螺栓上，能减轻拧紧地脚螺栓时使机床底座产生的变形

续表

名称	图　　示	特点和用途
钩头垫铁		垫铁的钩头部分紧靠在机床底座边缘上，安装调整时起限位作用，安装水平不易走失，用于振动较大或质量为 10～15t 的普通中、小型机床

（3）机床调平后，垫铁组伸入机床底座底面的长度应超过地脚螺栓的中心，垫铁端面应露出机床底面的外缘，平垫铁宜露出 10～30mm，斜垫铁宜露出 10～50mm，螺栓调整垫铁应留有再调整的余量。

（4）调平机床时应使机床处于自由状态，不应采用紧固地脚螺栓局部加压等方法，强制机床变形使之达到精度要求。对于床身长度大于 8m 的机床，当"自然调平"达到要求有困难时，可先经过"自然调平"，然后采用机床技术要求允许的方法强制达到相关的精度。

当组装机床的部件和组件时，组装的程序、方法和技术要求应符合设备技术文件的规定，出厂时已装配好的零件、部件，不宜再拆装；组装的环境应清洁，精度要求高的部件和组件的组装环境应符合设备技术文件的规定；零件、部件应清洗洁净，其加工面不得被磕碰、划伤和产生锈蚀；机床的移动、转动部件组装后，运动应平稳、灵活、轻便、无阻滞现象，变位机构应准确可靠地移到规定位置；组装重要和特别重要的固定结合面时，应符合机床技术规范中的相关检验要求。

按照表 7-8 所示步骤完成数控机床的安装。

表 7-8　　　　　　　　　　　　数控机床的安装步骤

序号	步骤	操作内容与要求
1	安装环境准备工作	为拆装方便，可将机床安装位置与四周间距加大至 1.5～2m
		车间温度应控制在 5～40℃范围之间，正常相对湿度应低于 75%
		车间地基厚度要求在 400mm 以上
2	机床吊装就位	检查机床外观并按照装箱单清点配件是否齐全
		起吊时，注意机床的重心和起吊位置，在机床刚刚吊离地面时就应确保机床平衡。缓慢吊起移至安装位置，将减振垫铁放入床身固定螺栓孔内并粗调水平
		将水平仪放置在导轨和工作台面上，观察气泡位置，并逐一调整减振垫铁调节螺母，使水平仪无论在横向或纵向放置，气泡均在刻线正中。水平调整完成后，应当把地脚螺栓拧紧，确保水平精度不变

7.6.4　任务拓展

某公司新购进一台数控铣床，根据其相关技术要求进行安装。

7.7 数控机床整机调试

7.7.1 任务导入

有一台新购进的水平床身的数控机床，配备 FANUC Oi – TD 数控系统，已吊装就位并完成了水平调整，现要求完成该数控机床的整机调试工作，如图 7 – 71 所示。

7.7.2 任务准备

1. 资料准备

本任务需要的资料如下。

(1) 该数控机床的电气原理图。

(2) 该数控机床的使用说明书。

2. 工具准备

本任务需要的工具清单见表 7 – 9。

图 7 – 71 待调试数控机床

表 7 – 9 需要的工具清单

类型	名称	规格	单位	数量
工具	螺丝刀	一字	套	1
	螺丝刀	十字	套	1
	万用表	VC890D	块	1
	内六角扳手	2～19mm（14pcs）	套	1
	活扳手	200mm×24mm	把	1

7.7.3 任务实施

7.7.3.1 数控机床调试前的检查工作

1. 机床内部部件的紧固和外部电缆的连接检查

内部部件的紧固检查。首先应检查输入单元、电源单元、MDI/CRT 单元的电源按钮、输入变压器、伺服电源变压器各接线端子等处的螺钉是否紧固，再检查需有盖罩的接线端子座是否已安装盖罩，然后检查所有连接器插头的紧固螺钉是否拧紧，针形插座与扁平电缆及电源插头是否锁紧。数控机床的结构布局有的是笼式结构，有的是主从结构形式，无论何种形式都应检查固定印制电路板的紧固螺钉是否拧紧，大板和小板之间的连接螺钉是否拧紧，以及检查印制电路板各块 ROM、RAM 片是否插入到位。需要指出的是，由于连接器插接不良而造成系统故障的情况很常见，因此必须仔细检查。

外部连接是指数控机床与外部 MDI/CRT 单元、强电柜、操作面板、进给用伺服电动机的动力线与反馈信号线、主轴电动机的动力线与反馈信号线以及手摇脉冲发生器的连接。检查时应按连接手册中的规定核查，并检查各插头、插座是否正确牢固地连接。对于剥去外皮的电缆，应用金属卡子紧固在接地板上。地线的处理通常采用一点接地型，即将数控机床的信号、强电、机械等接地连接到公共接地点。总的公共接地点必须与大地接触良好，一般要求对大地的电阻值为 $4\sim7\Omega$。在数控柜与强电柜之间应有足够粗（横截面积为 $5.5\sim14\mathrm{mm}^2$）的保护接地电缆，另外还应检查伺服单元和强电柜之间及伺服变压器和强电柜之间是否连有保护接地线。

在连接电源变压器的输入电缆时，应注意切断数控柜电源开关，并检查电源变压器及伺服变压器的电压插头连接是否正确（尤其是进口数控柜或数控机床）。然后拆下动力线（断开与速度控制单元之间的连接），并将速度控制单元设定为电动机断线不报警状态（在许多伺服单元中均可通过短路棒设定来实现），这样即使接通数控柜电源也不会引起数控系统报警。

2. 机床数控系统性能的全面检查和确认

（1）设定确认。数控系统内设有许多用短路棒短路的设定点，需要进行适当设定以适应不同型号机床的不同要求。对于购买的整机，其数控装置在出厂时就已设定好，只需确认已有的设定状态。而对于单独购买的数控装置，因为生产时是按标准方式设定的，不一定适合实际要求，故必须根据配套设备的要求自行设定。数控装置的设定确认工作应按照维修说明书的要求进行，确认控制部分印制电路板即主板、ROM 板、连接单元、附加轴控制板以及旋转变压器/感应同步器控制板的设定。这些设定与机床返回参考点的方法、速度反馈用检测元件、检测增益调节、分度精度调节等有关。无论是直流伺服控制单元还是交流伺服控制单元，都有多达 20 个设定点，用于选择反馈元件、回路增益以及确定是否产生报警等。此外，主轴伺服单元也有设定点，用于选择主轴电动机电流极限、主轴转速范围等。

（2）输入电源电压、频率及相序的确认和检查。目前，各种数控装置所用的电源有多种，常见的有三相 200V、50Hz 和 220V、60Hz，使用时必须采用变压器将 AC380V 变为其额定电压。变压器容量应满足控制单元和伺服系统（随伺服电动机的容量而异）的电能消耗；电源电压的波动范围为 $-15\%\sim+10\%$，否则应外加交流稳压器。此外，还应确认伺服变压器原边中间插头的相序和电源变压器副边插头的相序是否正确（按 R-S-T 或 A-B-C 的顺序）。对采用晶闸管控制电路的电源而言，当相序不正确时，接通后可能使速度控制单元的保险丝烧断，故必须预先予以检查。检查相序的方法一是用相序表测量，二是用双线示波器观察 R-S 和 T-S 间的波形，如图 7-72 所示。用相序表检查时，当相序接法正确时，相序表按顺时针方向旋转；如果相序接法不对，相序表将逆时针旋转，这时可将接线 R、S、T 中任意两根线对调重新接好相序即可。用双线示波器来检测二相之间的波形时，若二相在相位上相差 120°，则证明相序是正确的。

（3）确认直流电压输出端是否对地短路。直流电压是指数控装置内直流电源单元输出的 +5V、+24V、±15V 等输出端电压，只需用万用表测量其对地的阻值即可确认。在 CNC 系统通电前，必须认真检查这些电源的输出端是否有对地短路现象。如果检查出有短路现象，应查清原因、排除故障、再通电，否则会烧坏直流稳压单元。

（4）接通数控柜电源，检查各输出电压。首先检查数控柜的各风扇是否旋转，以确认电源是否接入数控柜，然后检测主印制电路板的检测端子，确认各直流电压是否都在允许波动的范围内。一般来说，+5V、+15V 和 -15V 三种电压允许波动

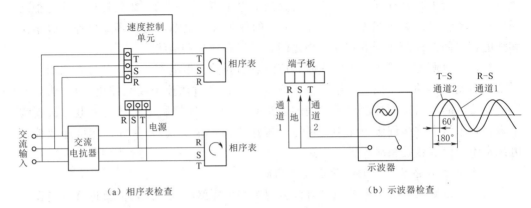

图 7-72　检查相序

±5％，而±24V 电压允许波动±10％，如果超出范围则需进行调整。对于进给用的直流或交流伺服单元，以及主轴控制用的直流或交流伺服单元，也要确认直流电压波动，其波动允许范围一般是±（5~10）％。

（5）确认数控系统与机床侧的端口。目前，数控系统一般有自诊断功能，并由 CRT（阴极射线显像器）显示数控系统与机床端口及数控装置内部的状态。当带有可编程序控制器时，有从 CNC 到 PLC、PLC 到 NC、PLC 到 MT（机床）、MT 到 PLC 的各种信号。各信号的含义及相互逻辑关系随各 PLC 的梯形图而异，应参照随机床提供的梯形图说明书（内含诊断地址表），通过自诊断显示来确认数控系统与机床之间的端口信号状态是否正确。

（6）确认数控系统各种参数的设定。设定系统参数（包括 PLC 参数）的目的是使机床具有最佳的工作性能。即使是同一型号的数控装置，其参数设定也随机床而异，因此随机附带的参数表是机床的重要技术资料，应妥善保存，不得遗失，否则将会给机床保养和维修带来很大的困难。不同数控装置显示参数的方法不同，FANUC 数控系统是通过按下 MDI 键盘上的【SYSTEM】键来显示已存入系统存储器的参数，显示的参数内容应与机床安装调试完成后的参数表一致。最后关断数控系统电源，连接电动机的动力线，并将速度控制单元设定为电动机断线这时会产生报警。

（7）检查机床状态。系统工作正常时应无任何报警，但为了预防意外，应在接通电源的同时做好随时按下急停按钮的准备。伺服电动机的反馈线反接或断线均会造成机床"飞车"，这时需立即切断电源，检查线路连接是否正确。在正常情况下，电动机首次通电瞬间可能会有微小转动，但系统的自动漂移补偿会使电动机轴立即返回并定位，此后即使电源再次断开、接通，电动机轴也不会转动。因此，可以通过多次接通、断开电源或按下急停按钮的操作来确认电动机是否转动。

（8）用手动进给检查各轴的运转情况。首先用手动进给连续移动机床各轴运动部件，通过 CRT 显示值检查机床部件移动方向是否正确。如不正确，应将电动机动力线、检测信号线反接。然后检查坐标轴运动的距离是否正确，如通过 MDI 操作输入移动指令，检查坐标轴的移动是否符合指令。若不符合，则应检查有关指令、反馈参数以及位置控制环增益等参数设定是否正确。此外，还要用手动进给低速移动机床有关部件，并使移动轴碰到超程开关使其动作，用以检查超程限位是否有效，机床是否准确停止，以及数控装置是否在超程时发出报警。最后，用点动或手动快速移动机床有关部件，观察在最大进给速度时是否出现误差过大报警。

（9）返回机床参考点。机床的参考点是再次进行加工的程序基准位置，它直接影响到机床的加工精度，因此必须检查有无参考点功能及每次返回参考点的位置是否完全一致。

（10）确认数控装置功能是否符合订货要求。可用适合该机床且简单明了的测试程序（如具有直线、圆弧移动指令，控制轴联动，固定循环等功能的程序）上机运行检查。数控装置的功能通常包括基本功能和选择功能，这些功能一般以软件形式提供，只能在安装调试之后，数控装置处于无报警的正常状态时通过 CRT 显示，或使机床运行并对照订货要求检查确认。

3. 机床机械部分与辅助系统的检查

（1）机械部分的检查。对于数控机床，首先要检查其各坐标轴的传动链、导轨端部刮削器盖板的螺钉和联轴器各锁紧螺钉是否松动，齿形同步带及带轮是否可靠、松紧是否合适。然后检查机床各坐标轴返回参考点的减速挡块固定螺钉有无松动，以及刀库上各刀位锁紧机构的螺钉、机械手卡爪及各限位块、可交换工作台外部托板机构、机床的工作室门、各防护罩、防护板等是否安全可靠。对于数控机床，还要检查其刀塔、尾座上的紧固螺钉是否可靠。

（2）液压系统的检查。液压箱彻底清理干净后，要按机床说明书中液压油的牌号加注液压油，并检查液压油位置是否合乎要求，液压装置中的各集成元件是否牢靠，各液压电磁阀上的插头插座位置是否正确（按标记号检查）。压力表一定要进行校验并标记。此外，还要检查外部过滤装置等。

（3）气动系统的检查。气动压力表一定要进行校验并标记。对三联装置，即过滤器、调压阀和喷雾润滑，进行检查，以确认是否需要清洗过滤器。同时，应按机床说明书的要求加注喷雾润滑油，检查气动装置上的各气动元件和各电磁阀上的插头插座位置是否正确（按标记号检查）。

（4）中心润滑系统的检查。中心润滑系统主要用于数控机床各坐标轴的滚珠丝杠副、导轨、轴承及各运动面、滑动面的润滑。在检查这部分时，必须将油箱清洗干净后，加注机床说明书规定牌号的润滑油到中心润滑油箱所标注的上限位置。中心润滑系统的压力表同样要进行校验标记，并标注下次校验日期。同时，还要检查中心润滑装置本身是否固定牢靠，以免在润滑时产生振动。

（5）制冷系统的检查。制冷系统主要用于主轴冷却、液压油循环冷却，在有的数控机床中也用于电气柜冷却。以前的数控机床也有用水冷的，其制冷系统中需要加入防冻液。在数控机床通电前通常要先检查防冻液的液位是否合适，电动机、压缩机及排风扇等是否安装牢靠，各开关、插头及接线是否正确。这里要注意，防冻液对人体是有害的，在加注时不要用手直接接触。

（6）切削液系统和排屑装置的检查。通常，数控机床的切削液装置和排屑装置是在一起安装的。切削液通过冷却管喷出后,从排屑器底部经过过滤返回到切削液装置的容积箱内,再由切削液泵泵入管路。在一些数控机床中,特别是有些电主轴的数控机床,切削液先经过制冷装置冷却降温,再经过过滤器进入电主轴内部,对电主轴进行冷却后再返回切削液箱。因此,在数控机床通电前对切削液系统和排屑装置要进行认真的检查。此外,还要对切削液装置上的高压泵电动机、排屑装置的低压泵电动机的相序用前面所述方法进行检查纠正;检查压力表(同样要进行首次校验)各管接头是否安装好;检查各电磁换向阀插头、各开关位置是否正确;过滤器是否安装牢靠;排屑装置与切削液箱的连接是否正确;排屑装置与机床接触部位的高低是否合适;排屑链的松紧是否合适;排屑装置上开关按钮的位置是否正确等。如果有主轴内冷,还要检查用于主轴内冷的过滤装置上各部件是否安装正确、牢靠;加注切削液后,各部分装置的液位是否合适,有无泄漏现象等。

4. 接通电源后的检查

通电检查的具体内容如下。

(1)强电柜电源的检查。在通电以后,首先要检查强电柜内电源变压器的输入端和输出端(初级和次级)的电压是否符合技术要求,各相电压输入和输出是否平衡。如果发现异常,必须立刻断电,待故障排除后再通电进行下一步的工作。

(2)数控柜内电源的检查。为了确保安全,在接通电源之前,可先将电动机动力线断开,这样在系统工作时不会引起机床运动。但在做此工作以前,先要阅读该数控机床的说明书和电路图,根据说明书的介绍对速度控制单元做一些必要性的设定,避免因断开电动机的动力线而造成数控机床报警。

接通电源以后,检查各输出电源是否正确。首先检查数控柜中的各排风扇是否旋转,这也是判断电源是否接通的最简单、最直观的方法之一;然后检查各模块单元及印制电路板上的电压是否正常,各种直流电压是否在允许的范围内。

一般来说,$\pm24\text{V}$ 电压允许误差是 $\pm10\%$,即 $\pm(21.6\sim26.4)\text{V}$;$\pm15\text{V}$ 电压的误差不超过 $\pm10\%$,即 $\pm(13.5\sim16.5)\text{V}$;对于 $\pm5\text{V}$ 电源要求较高,误差不能超过 $\pm5\%$,即为 $\pm(4.75\sim5.25)\text{V}$。因为 $+5\text{V}$ 电压是供给逻辑电路的,如果波动太大,会直接影响系统工作的稳定性。如果发现上述电压有问题,或不在要求的范围内,应立即断电,待故障排除后再进行下一步工作。

(3)各熔断器的检查。各熔断器是主线路及每一块电路板或电路单元的保险装置,当外电压过高或负载端发生意外短路时,熔丝即刻熔断而使电源切断,起到保护作用。所以,通电前要用万用表测量各熔断器是否接通、型号是否正确,通电以后还要检查熔断器是否工作正常。

(4)液压系统、气动系统的检查。检查通电后的液压系统、气动系统的压力是否正常,各元件管接头有无漏油、漏气现象,还要特别注意主轴拉刀机构、变速机构的液压缸、机械手、刀库、主轴卡紧、尾座动作等的液压缸和电磁阀有无漏油现象。如果漏油,应立即断电修理或者更换,待故障排除后才能进行下一步工作。

(5)CNC 系统通电。CNC 系统的电源接通以后,需等待几秒钟观察 CRT 显示,直到出现正常界面为止。如果出现报警,应根据报警内容采取措施。若需要关机,应切断电源，分析并寻找故障，将其排除后再通电进行下一步工作。此时应注意，报警内容可能不止一个，要将每个故障都排除，否则下一步工作将无法进行。图7-73为数控机床接通电源后的检查工作流程。

完成这一步后，数控机床调试前的检查工作就基本完成。当然，在进行这些检查工作时，要根据数控机床各自的特点、技术要求进行具体分析并区别对待。下一步工作即进行数控机床的调试，应当进行数控机床 CNC 系统的功能检查和调试工作。

7.7.3.2 数控机床的通电调试

机床通电前还要按照机床说明书的要求给机床润滑油箱、润滑点灌注规定的油液或油脂，清洗液压油箱及过滤器，灌足规定标号的液压油，接通气源等。然后再调整机床的水平，主要几何精度，以及各主要运动部件与主轴的相对位置，如机械手、刀库及主轴换刀位置的校正，自动托盘交换装置与工作台交换位置的校正等。

机床通电操作是先合上总电源，在 NC 不上电的情况下，检测三相电源相序、电压数值和有无缺相，只有全部正常才启动 NC。查看主轴电动机和进给轴电动机旋转是否正常，旋向是否正确，确认正常后机床断电，将电动机与机械部分相连接。机床通电操作

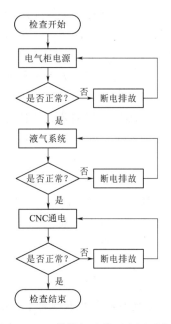

图7-73　数控机床接通电源后的
检查工作流程

可以是一次同时接通各部分电源全面通电，也可以各部分分别通电，然后再进行总供电试验。对于大型设备而言，为保证安全，应采用分别供电。通电后首先观察机床各部分有无异常、有无报警故障，然后用手动方式陆续启动各部件。检查安全装置是否起作用、能否正常工作，液压泵工作后液压管路中是否形成油压，各液压元件是否正常工作、有无异常噪声，液压系统、冷却装置能否正常工作等。总之，根据机床说明书检查机床主要部件功能是否正常、齐全，保证机床各环节都能操作运转起来。

在数控系统与机床联机通电试车时，虽然数控系统已经可以正常工作且无任何报警，但为了以防万一，应在接通电源的同时，做好按压急停按钮的准备，以便随时能够切断电源。例如，当伺服电动机的反馈信号线接反或断线均会造成机床"飞车"时，需要立即切断电检查接线是否正确。

通电正常后，用手动方式检查如下各基本运动功能。

（1）将状态选择开关置于 JOG 位置，将点动速度放置在最低挡，分别进行各坐标正、反向点动操作，同时按下与点动方向相对应的超程保护开关，验证其保护作用的可靠性，然后再进行慢速的超程试验，验证超程撞块安装的正确性。

（2）将状态开关置于回零位置，完成回参考点操作。

（3）将状态开关置于 JOG 位置或 MDI 位置，将主轴调速开关放在最低位置，进行各挡的主轴正、反转试验，检查主轴运转情况和速度显示的正确性。然后逐渐升速

到最高转速，观察主轴运转的稳定性。进行选刀试验，检查刀盘正、反转的正确性和定位精度。逐渐调整快速超调开关和进给倍率开关，随意点动，观察速度变化的正确性。

（4）将状态开关置于 EDIT 位置，自行编制一简单程序，尽可能多地包括各种功能指令和辅助功能指令，位移尺寸以机床最大行程为限。同时进行程序的增加、删除和修改操作，为下一步作准备。

（5）将状态开关置于程序自动运行位置，验证所编制的程序执行空运转、单段运行、机床锁住、辅助功能锁住状态时的正确性。分别改变进给倍率开关、快速超调开关、主轴速度超调开关的位置，使机床在多种情况下充分运行，然后将各超调开关置于 100% 处，观察整机的工作情况是否正常。

7.7.3.3 数控机床空运行功能检验与调试

1. 手动功能检验

对于车削直径为 200～1000mm，最大车削长度为 5000mm 的数控卧式机床，通常需要进行以下检验。

（1）任选一种主轴转速和动力刀具主轴转速，启动主轴和动力刀架机构进行正转、反转、停止（包括制动）的连续试验，不少于 7 次。

（2）主轴和动力刀具主轴做低、中、高转速变换试验，转速的指令值与显示值（或实测值）之差不得大于指令值的 5%。

（3）任选一种进给量，将启动进给和停止动作连续操纵，在 Z 轴、X 轴、C 轴的全部行程上做工作进给和快速进给试验，Z 轴、X 轴快速行程应大于全行程的 1/2。正、反方向连续操作不少于 7 次，并测量快速进给速度及加、减速特性。测试伺服电动机电流的波动，其允许差值由制造厂规定。

（4）在 Z 轴、X 轴、C 轴的全部行程上，做低、中、高进给量变换检验。

（5）用手摇脉冲发生器或单步进行溜板、滑板、C 轴的进给检验。

（6）用手动使尾座和主轴在其全部行程上做移动检验。

（7）对于有锁紧机构的运动部件，在其全部行程的任意位置上做锁紧试验，倾斜和垂直导轨的滑板在切断动力后不应下落。

（8）对回转刀架进行各种转位夹紧检验。

（9）对液压、润滑、冷却系统做密封、润滑、冷却性能试验，要求调整方便、动作灵活、润滑良好、冷却充分、各系统无渗漏。

（10）进行排屑、运屑装置检验。

（11）对于有自动装夹换刀机构的机床，应进行自动装夹换刀检验。

（12）对于有分度定位机构的 C 轴应进行分度定位检验。

（13）对数字控制装置的各种指示灯、程序读入装置、通风系统等进行功能检验。

（14）检验卡盘的夹紧、松开的灵活性及可靠性。

（15）机床的安全、保险、防护装置功能检验。

（16）在主轴最高转数下，测量制动时间，取 7 次平均值。

（17）自动监测、自动对刀、自动测量、自动上下料装置等辅助功能检验。

2. 控制功能验收

用 CNC 系统控制指令进行机床的功能检验，检验其动作的灵活性和功能可靠性，具体步骤如下。

（1）主轴进行正转、反转、停止及变换主轴转速检验（无级变速机构做低、中、高速检验，有级变速机构做各级转速检验）。

（2）进给机构做低、中、高进给量及快速进给变换检验。

（3）C 轴、X 轴和 Z 轴联动检验。

（4）回转架进行各种转位夹紧试验，选定一个工位测定相邻刀位和回转 180°的转位时间，连续 7 次，取其平均值。

（5）试验进给坐标的超程、手动数据输入、坐标位置显示、回参考点、程序序号指示和检索、程序停止、程序结束、程序消除、单步进给、直线插补、圆弧插补、直线切削循环、锥度切削循环、螺纹切削循环、圆弧切削循环、刀具位置补偿、螺距补偿、间隙插补及其他说明书规定的面板及程序功能的可靠性和动作的灵活性。

3. 温升检验

温升检验主要是测量主轴高速和中速空运行时主轴轴承、润滑油和其他主要热源的温升及其变化规律，检验时应连续运转 180min。为保证机床在冷态下开始试验，试验前 16h 内不得工作，且试验中途不得停止。试验前应检查润滑油的数量和牌号，确保符合使用说明书的规定。

温度测量应在主轴轴承（前、中、后）处及主轴箱体、电动机壳和液压油箱等产生热量的部位进行。

保持主轴连续运转，每隔 15min 测量一次。最后根据被测部位温度值绘成时间-温升曲线，如图 7-74 所示，以连续运转 180min 的温升值作为考核数据。

在实际的检验过程中，应该注意以下几点。

（1）温度测点应尽量选择靠近被测部件的位置。主轴轴承温度应以测温工艺孔为测点。

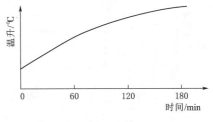

图 7-74 时间-温升曲线

在无测温工艺孔的机床上，可在主轴前、后法兰盘的紧固螺钉孔内装热电耦，螺孔内灌注润滑脂，孔口用橡皮泥或胶布封住。

（2）室温测点应设在机床中心高处离机床 500mm 的任意空间位置，油箱测温点应尽量靠近吸油口的位置。

7.7.3.4 数控车床的整机调试与负荷试验

1. 数控车床的空运转调试

例如，有一台卧式数控车床，其最大车削直径为 400mm，最大车削长度为 600mm，主轴的转速为 25～5000r/min，能实现无级调速，即主轴的最低转速为 25r/min，最高转速为 5000r/min。

（1）温升的调试。使数控车床的主轴从最低速开始运转，经过中速、高速进行卧式数控车床的主轴温升调试。按照《机床检验通则　第 2 部分：数控轴线的定位精度和重复定位精度的确定》（GB/T 17421.2—2023/ISO 230-2：2014）标准的规定，主轴最高转速的运行时间不能少于 1h，如果是有级变速，从低到高每级速度的运转时间不少于 2min。在这里把主轴的转速 25～5000r/min 划分为 24 个档次。由于最低转速是主轴刚开始运转，故需要运行 30min；然后逐步提高转速到 5000r/min，并运行 60min。

在主轴运行过程中，可以从 CRT 显示来监控主轴的温度和温升情况。在 CRT 显示监控的同时，可以用激光测温计对主轴进行直观测温，与 CRT 显示的温度值进行比较，就可以较准确地测出主轴运转时的温度和升温情况。

对于卧式数控车床来说，主轴轴承的温度不能超过 70℃，温升不能超过 35℃，否则说明主轴轴承的自身质量、主轴轴承的精度选择及主轴轴承的装配质量存在问题。

（2）主轴转速和各坐标轴进给速度的调试。按照国家机械行业标准《机床检验通则　第 2 部分：数控轴线的定位精度和重复定位精度的确定》（GB/T 17421.2—2023/ISO 230-2：2014）的规定，主轴转速的实际偏差不应超过指令值的 ±5％，各坐标轴的进给运动，包括 C 坐标轴旋转运动也不能超过指令值的 ±15％。以主轴转速 $S=1000$r/min 和坐标进给速度 $F=500$m/min 为例，偏差值规定的范围如图 7-75 所示。

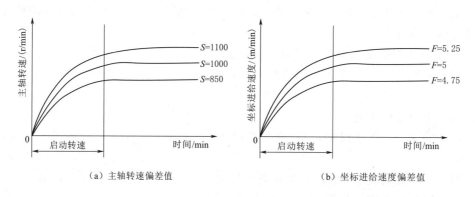

（a）主轴转速偏差值　　　　　　　　　（b）坐标进给速度偏差值

图 7-75　数控车床主轴转速和坐标进给速度允许的偏差值

如图 7-75 所示，假设给定主轴的转速 $S=1000$r/min，这可以是在 MDI 方式给定，也可以是程序中给定，那么主轴的实际转速范围为 950～1050r/min；假设给定坐标进给速度 $F=5$m/min，这可以是 MDI 方式给定，也可以是程序中给定，那么各坐标轴实际进给速度范围为 4.75～5.25m/min。

主轴的转速和各坐标轴的进给速度是直接影响切削速度和保证数控机床加工精度的重要参数。因此，在调试数控车床的主轴转速和各坐标轴的进给速度时，可以用调整参数的方法进行一定范围内的修正。

（3）数控车床主机各部分动作的调试。可以用手动直接操纵按钮、开关在主轴低转速、中转速及高转速中各选择一种转速，然后启动主轴，并分别对主轴的低转速、中转速及高转速进行正转、反转、停止以及增速、减速试验，并进行 7 次以上的操作。再用控制指令 M 功能和 S 功能重复上述动作，检验主轴动作是否灵活、可靠，这就是对主轴的正转、反转和制动的各动作进行试验和调试。

对 X 坐标轴、Z 坐标轴和 C 坐标轴用手动直接操作按开关，在低速中速和高速进给的全行程内各进行 7 次以上的启动、停止、正转、反转以及增速、减速的连续运动和切换试验。然后再用控制指令 G 功能和 F 值重复低速和中速运行的动作，用 GOO 指令重复高速运行的动作，对 C 坐标轴还要进行分度定位的动作。此时，坐标伺服电动机、分度检测装置、位置检测装置、机械各传动装置及润滑系统等都应工作正常。

X、Z、C 坐标轴在 CNC 系统的控制下进行联动，包括直线轨迹和曲线轨迹的联动。在圆弧或曲线轨迹的联动中，还应进行顺时针圆弧或曲线的联动和逆时针圆弧或曲线的联动。用这些动作来确认坐标的联动、直线插补、圆弧插补和过象限等是否满足技术要求。

对回转刀架分别进行顺时针和逆时针旋转找刀位的动作。如果是 12 个刀位，那么依次从 1 号刀位找到 12 号刀位，或者从 12 号刀位反方向找到 1 号刀位。然后，顺时针和逆时针跳 1 个刀位进行选刀动作，即 1、3、5、7、9、11 号刀位或者 11、9、7、5、3、1 号刀位。最后，再进行顺时针、逆时针的任意选刀动作。进行这些动作的同时还要注意刀盘的锁紧和放松动作。

当回转刀架进行找刀位动作时，需要用手动操纵按钮、开关和用 CNC 系统给定 T 指令进行控制，两种方法分别进行。这时，回转刀架的电动机和机械传动机构、定位机构及锁紧机构等都应处于正常工作状态，不允许出现任何故障和异常现象。

对于 CNC 系统控制的沿 Z 坐标轴导轨移动的尾座和尾座中套筒顶尖的运动，先用手动开关、按钮操纵尾座运动，然后用脚踏开关操纵尾座中的套筒进行运动。注意，进行套筒运动时，应当是全行程、反复多次进行的动作。

在有些数控车床上，尾座在 Z 坐标轴上的运动是用手动来完成的，锁紧机构也是靠手动来完成的。此时，只需要进行脚踏操纵尾座套筒的全行程动作即可。

将手摇脉冲发生器放在第一处出现手摇脉冲发生器处，配合操作面板上的转换开关对 X 坐标轴、Z 坐标轴和 C 坐标轴进行连续或单步运行动作，再配合操作面板上的倍率转换开关对这 3 个坐标轴进行运行动作，此时不允许有失步和跳步现象。

用手动操纵各开关、按钮来对排屑装置或排屑器反复进行正反转、启动及停止试验，排屑器的动作应当平衡、灵活、可靠。如果发现传动链有触碰排屑器内壁，应当及时调整排屑链的合适位置，调整机构一般都设置在排屑出口的两侧。

如果数控车床是斜床身导轨（有的斜床身导轨斜角为 45°，有的斜床身导轨斜角为 30°），不管斜床身的导轨角是多少，X 坐标轴在斜床身上的横向运动在任意一点停止时都应该被锁定，不应出现下滑现象，特别是在断电情况下不应该下滑，这可以通过关断电源或按下急停按钮，再打开电源或抬起急停按钮来观察和检测 X 坐标轴伺服电动机的制动装置是否出现问题。

在上述数控车床空运转调试的工作中，除了进行温升调试，主轴转速和各坐标轴进给速度调试，以及数控车床主机各主要部分动作的调试以外，还需要做进一步的细化调试，包括程序动作调试、进给和插补动作调试、切削循环动作调试、补偿动作调试、超程保护调试、手动数据输入调试、坐标位置显示调试和回参考点调试等。图 7-76 为数控车床细化动作调试内容。当然，也可以根据数控车床的具体情况对调试内容进行增减。

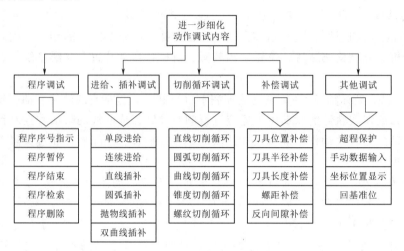

图 7-76　数控车床细化动作调试内容

图 7-76 中的螺距补偿指的是直线坐标滚珠丝杠副的螺距在某一点超出了定位精度所要求的范围，而通过 CNC 系统进行的螺距补偿。反向间隙补偿指的是各直线坐标滚珠丝杠副的反向间隙，另外还有根据齿轮的反向误差所规定的范围通过 CNC 系统进行反向间隙补偿。

（4）数控车床主传动系统空运转功率的调试。在数控车床空运转调试中还应包括齿轮传动的主传动系统空运转的功率调试、单纯的齿形带传动的主传动系统空运转的功率调试及电主轴传动系统空运转的功率调试。例如，某台数控车床的主轴转速范围是 25～5000r/min，且能实现无级调速，它所要求的是主轴转速达到 5000r/min，即在 100％转速时功率为 9kW；而主轴转速在 2000r/min 时，即在主轴最高转速的 40％时，功率为 14W。又如，某国产数控车床的轴转速范围是 25～5000r/min，能实现无级调速，它所要求的是在主轴转速达到 625r/min 以上，即在主轴最高转速的 12.5％以上时，功率恒定为 11kW。因此，在调试数控车床主传动系统空运转功率时，要对照说明书中所提供的主轴转速和主轴功率之间的关系，并看实际功率参数是否与设计的功率参数相符合。

（5）数控车床整机连续空运转模拟切削的调试。一般数控车床的生产厂商都会给用户提供一个具有数控车床全部功能，并模拟切削加工的数控车床整机空运转程序。作为用户，也可以根据自身的特殊情况和需要，要求厂商或自己编制一个数控车床的空运转模拟切削调试程序，对所购置的数控车床进行整机连续空运转模拟切削调试。

在我国标准《机床检验通则　第 2 部分：数控轴线的定位精度和重复定位精度的

确定》（GB/T 17421.2—2023/ISO 230-2：2014）中规定，卧式数控车床整机连续模拟切削的时间为48h，模拟空运转序的一次循环在15min以内，每次重复循环程序的时间间隔不能大于1min。此外，数控车床在连续空运转模拟切削的48h中，不应出现任何故障。

对主轴转速从低到高、从高到低，各坐标的进给速度从低到高、从高到低，刀架的每个刀位换刀，尾座及尾座套筒的全行程动作，各坐标轴的全行程动作，排屑器的正转、反转、停止，切削液的开关及主轴卡盘的夹紧与放松等全部的调试和试验，都是数控车床调试过程中不可缺少的工作。

2. 数控车床的负荷试验

数控车床的负荷试验是数控车床调试中的一项重要工作，实际上是检验所购置数控车床的加工能力是否满足用户所提出的数控车床应当承受动负荷方面的技术要求。

数控车床的最大切削抗力、切削时的抗振性和数控车床主传动系统的最大转矩、主传动系统的最大功率等，都是对数控车床进行负荷试验时的重要指标。

在进行最大切削抗力和主传动系统的最大转矩试验时，切削试件的材料选用45号中碳钢，刀具的材料、类型和切削用量及切削试件的尺寸等要参照厂商所提供说明书的规定进行。最大切削抗力按主分力和刀具角度来确定，主传动系统的最大转矩可用功率表、电流表、电压表及转速表进行测量。许多数控车床的操作面板上都装有电流表、电压表、转速表或功率表，在数控车床正常的加工中随时进行监控。还有些数控车床CNC系统中的自适应控制也具备了监控最大切削抗力和主传动系统的最大转矩的功能，如果在切削时超出了数控车床对抗力和转矩的要求，数控车床会通过报警对操作人员进行提示。

在进行数控车床的抗振性切削试验时，要按照《机床检验通则 第2部分：数控轴线的定位精度和重复定位精度的确定》（GB/T 17421.2—2023/ISO 230-2：2014）标准中规定的实验条件、刀具几何角度、刀具材料、试件材料、尺寸、切削用量等进行试验，且试验过程中不应发生颤振。

7.7.3.5 实施步骤

按照如下步骤，完成数控机床的调试工作，并做好记录。

（1）数控机床调试前的检查工作。

1）机床内部部件的紧固和外部连接电缆检查。

2）机床数控系统性能的全面检查和确认。

3）机床机械部分与辅助系统的检查。

4）接通电源后进行强电柜电源、数控柜内电源、各熔断器、液压气动系统、CNC系统通电的检查。

（2）数控机床的通电调试，手动方式检查各项基本运动功能。

（3）数控机床空运行功能检验与调试。

1）手动功能检验与调试。

2）控制功能检验与调试。

3）温升检验与调试。

（4）数控机床的整机调试与负荷试验。

1）数控机床的空运转调试。

2）数控机床的负荷试验。

7.7.4　任务拓展

某工厂新购买一台数控铣床，配 FANUC Oi－MD 数控系统，已吊装就位并完成了水平调整，现要求完成其调试工作。

7.8　数控机床几何精度检测与验收

7.8.1　任务导入

数控机床的检测验收是复杂的工作，对试验检测手段及技术的要求也很高。它需要使用各种高精度仪器，对机床的机、电、液、气等各部分及整机进行综合性能及单项性能的检测，最后得出对该机床的综合评价，这项工作一般是由机床生产厂家完成的。对一般的数控机床用户，其验收工作主要是根据机床出厂检验合格证上规定的验收条件及实际能提供的检测手段来部分或全部地测定机床合格证上各项技术指标。通过完成本节工作任务，学生能够具备数控机床几何精度检验与验收的职业能力。

某工厂有一台数控机床，配备 FANUC Oi－TF 数控系统，现要求根据该机床使用说明书和出厂合格证书，对该机床的几何精度进行检测验收。

7.8.2　任务目标

掌握数控机床几何精度检验方法。

7.8.3　任务准备

1．资料准备

本任务需要的资料如下：

（1）该数控机床的使用说明书。

（2）该数控机床的出厂合格证书。

2．工具准备

本任务需要的工具清单见表 7－10。

表 7－10　　　　　　　　　　　　需 要 的 工 具 清 单

名　称	规　格	单位	数量
平尺	400，1000，0 级	把	2
检验棒	ϕ80mm×500mm	个	1
莫氏锥度验棒	No.5×300mm，No.3×300mm	个	2
顶尖	莫氏 5 号，莫氏 3 号	个	2
杠杆式百分表	0～0.8mm	个	1
磁力表座	150mm	个	1
水平仪	0.02/1000mm	个	2
等高块	30mm×30mm×30mm	只	2

7.8.4 任务实施

7.8.4.1 数控机床验收标准

1. 通用类标准

通用类标准规定了数控机床调试验收的检验方法，测量工具的使用，相关公差的定义，机床设计、制造、验收的基本要求等。国家标准《数控车床和车削中心 检验条件 第1部分：卧式机床几何精度检验》（GB/T 16462.1—2007）、《机床检验通则 第2部分：数控轴线的定位精度和重复定位精度的确定》（GB/T 17421.2—2000）、《机床检验通则 第4部分：数控机床的圆检验》（GB/T 17421.4—2016），这些标准等同于 ISO230 相关标准。

2. 产品类标准

产品类标准规定了具体形式的机床的几何精度和工作精度的检验方法，以及机床制造和调试验收的具体要求。我国的行业标准《加工中心 技术条件》（JB/T 8801—2017）、《加工中心 检验条件 第1部分：卧式和带附加主轴头机床的几何精度检验（水平 Z 轴）》（JB/T 8771.1—1998）、《加工中心 检验条件 第6部分：进给率、速度和插补精度检验》（GB/T 18400.6—2001）等。用户应根据机床的具体形式参照合同约定和相关的中外标准进行调试验收。

当然，在实际的验收过程中，也有许多的设备采购方按照德国或日本或 ISO 相关标准进行调试验收。不管采用什么样的标准，需要注意的是不同标准对"精度"的定义差异很大，验收时一定要弄清各个标准精度指标的定义及计算方法。

7.8.4.2 机床的精度检验

机床的加工精度是衡量机床性能的一项重要指标。影响机床加工精度的因素很多，有机床本身的精度，还有因机床及工艺系统变形、加工中产生振动、机床的磨损以及刀具磨损等因素。其中，机床本身的精度是影响加工精度的一个重要因素。例如，在数控机床上车削圆柱面，其圆柱度主要决定于工件旋转轴线的稳定性、车刀刀尖移动轨迹的直线度以及刀尖运动轨迹与工件旋转轴线之间的平行度，即主要决定于车床主轴与刀架的运动精度以及刀架运动轨迹相对于主轴的位置精度。

机床的精度包括几何精度、传动精度、定位精度以及工作精度等，不同类型的机床对这些方面的精度要求是一样的。下面主要介绍几何精度的检验。

几何精度检验，又称为静态精度检验，其检验结果综合反映机床关键零部件经组装后的几何形状误差。机床的几何精度是指机床某些基础零件工作面的几何精度，是机床在不运动（如主轴不转，工作台不移动）或运动速度较低时的精度，它规定了决定加工精度的各主要零部件间及这些零部件的运动轨迹之间的相对位置允差。例如，床身导轨的直线度、工作台面的平面度、主轴的回转精度、刀架溜板移动方向与主轴轴线的平行度等。在机床上加工的工件表面形状是由刀具和工件之间的相对运动轨迹决定的，而刀具和工件是由机床的执行件直接带动的，所以机床的几何精度是保证加工精度最基本的条件。

目前，检测机床几何精度的常用工具有精密水平仪、精密方箱、90°角尺、平尺、平行光管、千分表、测微仪、高精度检验棒等。检测工具的精度必须比所测的几何精度高一个等级，否则测量的结果是不可信的。每项几何精度的具体检测方法可按照《机床检验通则 第2部分：数控轴线的定位精度和重复定位精度的确定》（GB/T 17421.2—2023/ISO 230-2：2014）、《加工中心 检验条件 第2部分：立式加工中心几何精度检验》（JB/T 8771.2—1998）等有关标准的要求进行，亦可按机床出厂时的几何精度检测项目的要求进行。

机床几何精度的检测必须在机床精调后依次完成，不允许调整一项或检测一项，因为几何精度有些项目是相互关联的。

7.8.4.3 几何精度检验内容

数控机床的几何精度综合反映了机床主要零部件组装后线和面的形状误差、位置误差或位移误差。根据《数控车床和车削中心 检验条件 第1部分：卧式机床几何精度检验》（GB/T 16462.1—2007）、《加工中心 检验条件 第2部分：立式或带垂直主回转轴的万能主轴头机床几何精度检验（垂直 Z 轴）》（GB/T 18400.2—2010）等国家标准的规定，几何精度检验内容包括如下5个方面。

1. 直线度

（1）一条线在一个平面或空间内的直线度，如数控卧式车床床身导轨的直线度。

（2）部件的直线度，如数控升降台、铣床工作台纵向基准T形槽的直线度。

（3）运动的直线度，如立式加工中心 X 轴轴线运动的直线度。

长度测量方法：平尺和指示器法、钢丝和显微镜法、准直望远镜法和激光干涉仪法。

角度测量方法：精密水平仪法、自准直仪法和激光干涉仪法。

2. 平面度

平面度指立式加工中心工作台面的平面度。

测量方法：平板法、平板和指示器法、平尺法、精密水平仪法和光学法。

3. 平行度、等距度、重合度

（1）线和面的平行度，如数控卧式车床顶尖轴线对主刀架溜板移动的平行度；运动的平行度，如立式加工中心工作台面和 X 轴轴线间的平行度。

（2）等距度，如立式加工中心定位孔与工作台回转轴线间的等距度。

（3）同轴度或重合度，如数控卧式车床工具孔轴线与主轴轴线的重合度。

测量方法：平尺和指示器法、精密水平仪法、指示器和检验棒法。

4. 垂直度

直线和平面的垂直度，如立式加工中心主轴轴线和 X 轴轴线运动间的垂直度；运动的垂直度，如立式加工中心 Z 轴轴线和 X 轴轴线运动间的垂直度。

测量方法：平尺和指示器法、角尺和指示器法、光学法（如自准直仪、光学角尺、激光干涉仪等）。

5. 旋转

径向跳动，如数控卧式车床主轴轴端的卡盘定位锥面的径向圆跳动，或主轴定位孔的径向圆跳动；周期性轴向窜动，如数控卧式车床主轴的周期性轴向窜动；端面圆跳动，如数控卧式车床主轴的卡盘定位端面的跳动。

测量方法：指示器法、检验棒和指示器法、钢球和指示器法。

7.8.4.4 精度检验前的准备工作

数控机床完成就位和安装后，在进行几何精度检验前，通常要先用水平仪进行安装水平的调整，其目的是取得机床的静态稳定性，这是机床的几何精度检验和工作精度检验的前提条件，但不作为交工验收的正式项目，即若是几何精度和工作精度检验合格，则安装水平是否在允许范围不必进行校验。机床安装水平的调平应该符合以下要求。

（1）机床应以床身导轨作为安装水平的检验基础，并用水平仪和桥板或专用检具在床身导轨两端、接缝处和立柱连接处按导轨纵向和横向进行测量。

（2）应将水平仪按床身的纵向和横向，放在工作台或溜板上，并移动工作台或溜板在规定的位置进行测量。

（3）应以机床的工作台或溜板为安装水平检验的基础，并用水平仪按机床纵向和横向放置在工作台或溜板上进行测量，但工作台或溜板不应移动位置。

（4）应用水平仪按床身导轨纵向进行等距离移动测量，并将水平仪读数依次排列在坐标纸上，画出垂直平面内直线度偏差曲线，以偏差曲线两端点连线的斜率作为该机床的纵向安装水平。横向水平以水平仪的读数值为准。

（5）应以水平仪在设备技术文件规定的位置上进行测量。

7.8.4.5 几何精度检验项目及检验方法

几何精度检验项目包括：床身纵向导轨在垂直平面内的直线度和横向床身导轨的平行度、坐标轴移动在主平面内的直线度、主轴轴线（对溜板移动）的平行度和刀架横向移动对主轴轴线的垂直度。其余检验项目用户可根据需要，有侧重地进行检验。

下面简单介绍一下比较重要的检验项目。

1. 纵向与横向导轨精度检验

（1）床身纵向导轨在垂直平面内的直线度。

检验工具：精密水平仪。

检验方法：如图 7-77 所示，在溜板上靠近前导轨处，纵向放置一水平仪，等距离（近似等于规定局部误差的测量长度）移动溜板，在全部测量长度上检验，将水平仪的读数依次排列，画出导轨直线误差曲线，曲线相对其两端点连线的最大坐标差值即为导轨全长的直线度误差，曲线上任意局部测量长度的两端点相对曲线两端点连线的坐标差值，即为导轨的局部误差。

（2）横向床身导轨的平行度。

检验工具：精密水平仪。

检验方法：如图 7-78 所示，将水平仪按机床横向放置在溜板上，等距离移动溜板进行检验，记录水平仪读数，水平仪读数的最大代数差值即为床身导轨的平行度误差。

2. 坐标轴移动在主平面内的直线度检验

检验工具：百分表、检验棒、平尺。

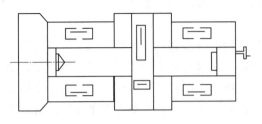

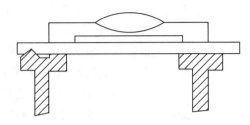

图 7-77　床身纵向导轨在垂直平面内的
直线度检验示意

图 7-78　床身导轨两工作面之间的
平行度检验示意

检验方法：如图 7-79 所示，将百分表固定在溜板上，使其测头触及主轴和尾座顶尖的检验棒表面，调整尾座使百分表在检验棒两端的读数相等。移动溜板在全部行程上检验，百分表读数的最大代数差值即为直线度误差（尽可能在两顶尖间轴线和刀尖所确定的平面内检验）。

3. 尾座移动对溜板移动的平行度检验

检验工具：百分表。

检验方法：如图 7-80 所示，将百分表固定在溜板上，使其测头分别触及近尾座端的套筒表面，垂直平面内尾座移动对溜板移动的平行度是垂直平面内的误差。水平面内尾座移动对溜板移动的平行度是水平面内的误差。

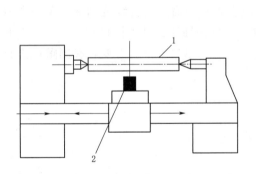

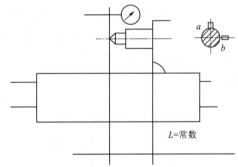

图 7-79　坐标轴移动在主平面内的
直线度检验示意
1—检验棒；2—带表座百分表

图 7-80　尾座移动对溜板移动的
平行度检验示意

将尾座套筒伸出后，按正常工作状态锁紧，同时使尾座尽可能地靠近溜板，把安装在溜板上的第二个百分表相对于尾座套筒的端面调整为零；溜板移动时也要手动移动尾座，直至第二个百分表的读数为零，使尾座与溜板相对距离保持不变。按此法使溜板和尾座全行程移动，只要第二个百分表的读数始终为零，则第一个百分表相应指示出平行度误差。或沿行程在每隔 300mm 记录第一个百分表的读数，第一个百分表读数的最大差值即为平行度误差。第一个百分表分别在图中 a、b 位置测量，误差单独计算，百分表在任意 500mm 行程上和全行程上的最大差值就是局部长度和全行程上的平行度误差。

4. 主轴轴肩支撑面的跳动检验

检验工具：百分表、专用装置。

检验方法：如图 7－81 所示，用专用装置在主轴线上加力 F（F 的值为消除轴向间隙的最小值，100N），把百分表安装在机床固定部件上，然后使百分表测头沿主轴轴线分别触及专用装置的钢球和主轴轴肩支撑面。a 球固定在主轴端部的检验棒中心孔内的钢球上，b 球固定在主轴轴肩支撑面上。低速旋转主轴，百分表读数最大差值即为主轴的轴向窜动误差和主轴轴肩支撑面的跳动误差。

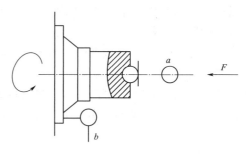

图 7－81 主轴轴肩支撑面的跳动检验示意

5. 主轴定位孔的径向圆跳动检验

检验工具：百分表。

检验方法：如图 7－82 所示，固定百分表，使其测头触及主轴定位孔表面。旋转主轴进行检验，误差以百分表读数的最大差值计。**注意：**本检验只适用于主轴有定位孔的机床。

6. 主轴定心轴颈的径向跳动检验

检验工具：百分表。

检验方法：如图 7－83 所示，将百分表安装在机床固定部件上，使百分表测头垂直触及主轴定心轴颈，沿主轴轴线施加力 F（F＝100N）；旋转主轴，百分表读数的最大差值即为主轴定心轴颈的径向圆跳动误差。

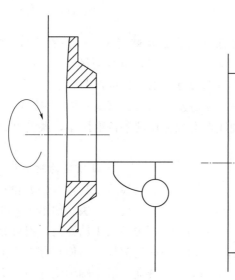

图 7－82 主轴定位孔的
径向圆跳动检验示意　　　图 7－83 主轴定向轴颈的
径向圆跳动检验示意

7. 主轴锥孔轴线的径向圆跳动检验

检验工具：百分表、检验棒。

检验方法：如图 7-84 所示，将检验棒插在轴锥孔内，将百分表安装在机床固定部件上，使百分表测头垂直触及被测表面，旋转主轴，记录百分表的最大读数差值，需要在 a、b 处分别测量，a 靠近主轴端面，b 距 a 点 300mm。标记检验棒与主轴圆周方向的相对位置后，取下检验棒，按相同方向分别旋转检验棒 90°、180°、270°后重新插入主轴锥孔，并在每个位置分别检测。取 4 次检测的平均值即为主轴锥孔轴线的径向圆跳动误差。

8. 主轴轴线（对溜板移动）的平行度检验

检验工具：百分表、检验棒。

检验方法：如图 7-85 所示，将检验棒插在主轴锥孔内，把百分表安装在溜板（或刀架）上，接下来分别检验垂直平面和水平平面的平行度。

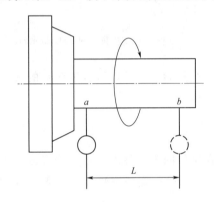

图 7-84 　主轴锥孔轴线的径向圆跳动
检验示意

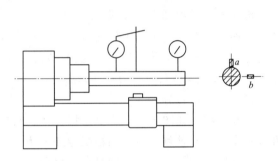

图 7-85 　主轴轴线（对溜板移动）的
平行度检验示意

（1）使百分表测头在垂直平面内垂直触及被测表面（检验棒），移动溜板，记录百分表的最大读数差值及方向；旋转主轴 180°，重复测量一次，取两次读数的算术平均值作为在垂直平面内主轴轴线对溜板移动的平行度误差。

（2）使百分表测头在水平平面内触及被测表面（检验棒），按（1）的方法重复测量一次，即得水平平面内主轴轴线对溜板移动的平行度误差，误差以百分表两次读数的平均值计。

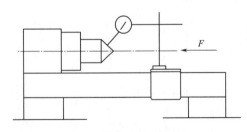

图 7-86 　主轴顶尖的跳动检验示意

9. 主轴顶尖的跳动检验

检验工具：百分表和专用顶尖。

检验方法：如图 7-86 所示，将专用顶尖插入主轴锥内，把百分表安装在机床固定部件上，使百分表测头垂直触及顶尖锥面。沿主轴轴线施加力 F（$F = 100N$），旋转主轴进行检验，误差以百分表读数除以 $\cos\alpha$（α 为锥体半角）为准。

10. 尾座套筒轴线对溜板移动的平行度检验

检验工具：百分表。

检验方法：如图 7-87 所示，将尾座套筒伸出有效长度（最大工作长度的一半）后，按正常工作状态锁紧。将百分表安装在溜板（或刀架）上，接下来分别检验垂直平面和水平平面的平行度。

（1）使百分表测头在垂直平面内垂直触及被测表面（尾座筒套），移动溜板，记录百分表的最大读数差值及方向，即得在垂直平面内尾座套筒轴线对溜板移动的平行度误差。

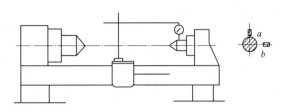

图 7-87　尾座套筒轴线对溜板移动的
平行度检验示意

（2）使百分表测头在水平平面内垂直触及被测表面（尾座套筒），按上述方法重复测量一次，即得在水平平面内尾座套筒轴线对溜板移动的平行度误差。a 在垂直平面内，b 在水平面内，a、b 误差分别计算，误差以百分表读数最大值为准。

11. 尾座套筒锥孔轴线对溜板移动的平行度检验

检验工具：百分表、检验棒。

检验方法：如图 7-88 所示，尾座套筒伸出并按正常工作状态锁紧。将检验棒插在尾座套筒锥孔内，百分表安装在溜板（或刀架）上，接下来分别检验垂直平面和水平平面的平行度。

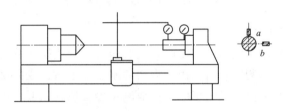

图 7-88　尾座套筒锥孔轴线对溜板移动的
平行度检验示意

（1）使百分表测头在垂直平面内垂直触及被测表面（尾座套筒），移动溜板，记录百分表的最大读数差值及方向；取下检验棒并旋转 180° 后重新插入尾座套孔，重复测量一次，取两次读数的算术平均值作为在垂直平面内尾座套筒锥孔轴线对溜板移动的平行度误差。

（2）使百分表测头在水平平面内垂直触及被测表面，按上述方法重复测量一次，即得在水平平面内尾座套筒锥孔轴线对溜板移动的平行度误差。a、b 误差分别计算，误差以百分表两次测量结果的平均值为准。

12. 床头主轴和尾座两顶尖的等高度检验

检验工具：百分表、检验棒。

检验方法：如图 7-89 所示，将检验棒装在主轴和尾座两顶尖上，把百分表固定在溜板（或刀架）上，使百分表测头在垂直平面内垂直触及被测表面（检验棒），然后移动溜板至行程两端极限位置上进行检验，移动小拖板（X 轴），记录百分表在行程

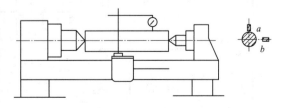

图 7-89　床头主轴和尾座两顶尖的等高度
检验示意

两端最大读数值的差值，即为床头主轴和尾座两顶尖的等高度（测量时注意方向）。

当车床两顶尖距离小于 500mm 时，尾座应紧固在床身导轨的末端；当车床两顶尖距离大于 500mm 时，尾座应紧固在两顶尖距离的 1/2 处。检验时，尾座套筒应退入尾座腔内，并锁紧。

13. 刀架横向移动对主轴轴线的垂直度检验

检验工具：百分表、平圆盘、平尺。

检验方法：如图 7 - 90 所示，将平圆盘（直径为 300mm）安装在主轴锥孔内，百分表安装在横滑板上，使百分表测头在水平平面内垂直触及被测表面（平圆盘），再沿 X 轴方向移动刀架，记录百分表的最大读数差值及方向；将圆盘旋转 180°，重新测量一次，取两次读数的算术平均值作为刀架横向移动对主轴轴线的垂直度误差。

7.8.4.6　几何精度检测注意事项

（1）检测中应注意某些几何精度要求是互相牵连和影响的。例如，当主轴轴线与尾座轴线同轴度误差较大时，可以通过适当调整机床床身的地脚垫铁来减少误差，但这一调整同样又会引起导轨平行度误差的改变。因此，数控机床的各项几何精度检测应在一次检测中完成，否则会顾此失彼。

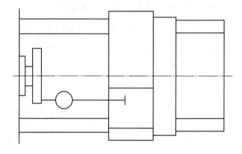

图 7 - 90　刀架横向移动对主轴轴线的垂直度检验示意

（2）检测中还应注意消除检测工具和检测方法造成的误差。例如，当检测机床主轴回转精度时，检验棒自身的振摆、弯曲等造成的误差；当在表架上安装千分表和测微仪时，由于表架的刚度不足而造成的误差；当在卧式车床上使用回转测微仪时，由于重力影响，造成测头抬头位置和低头位置的测量数据误差等。

7.8.4.7　实施步骤

完成数控机床几何精度的检验，并整理记录实验数据，填写表 7 - 11。

表 7 - 11　　数控机床几何精度检验记录表

序号	检验内容		检验方法示意	允许误差/mm	实测误差/mm
1	床身导轨调水平	纵向导轨在垂直平面内的直线度		0.020（凸）局部公差：在任意 250 长度上测量为 0.075	
		横向导轨的平行度		0.04/1000	

续表

序号	检验内容	检验方法示意	允许误差/mm	实测误差/mm
2	溜板移动在水平面内的直线度		0.02	
3	尾座移动对溜板移动的平行度 a：在垂直平面内 b：在水平面内	L=常数	0.03 局部公差：在任意 500 测量长度上为 0.02	
4	a：主轴的轴向窜动 b：主轴轴肩支承面的跳动		a：0.01 b：0.02 （包括轴向窜动）	
5	主轴定心轴径的径向跳动		0.01	
6	主轴锥孔轴线的径向跳动 a：靠近主轴端面 b：距离主轴端面 300mm 处		a：0.01 b：0.02	
7	主轴轴线对溜板移动的平行度 a：在垂直平面内 b：在水平内（测量长度为 200mm）		a：在 300 测量长度上为0.02（只许向上偏） b：0.015（只许向上偏）	
8	顶尖的跳动		0.015	

续表

序号	检验内容	检验方法示意	允许误差/mm	实测误差/mm
9	尾座套筒轴线对溜板移动的平行度 a：在垂直平面内 b：在水平面内		a：在100测量长度上为0.015（只许向上偏） b：在100测量长度上为0.01（只许向前偏）	
10	尾座套筒锥孔轴线对溜板移动的平行度 a：在垂直平面内 b：在水平面内（测量长度为200mm）		a：在300测量长度上为0.03（只许向上偏） b：0.03（只许向前偏）	
11	主轴和尾座两顶尖的等高度		0.02（只许尾座高）	

7.8.5　任务拓展

某工厂有一台数控铣床，配备 FANUC Oi - MF 数控系统，根据该机床使用说明书和出厂合格证书，对该机床进行几何精度的检测验收。

7.9　数控机床位置精度检测与验收

7.9.1　任务导入

某工厂有一台数控机床，配备 FANUC Oi - TF 数控系统，现要求根据该机床使用说明书和出厂合格证书，对该机床的位置精度进行检测验收。

7.9.2　任务目标

（1）掌握位置精度检验常用工量具的使用方法。

（2）掌握数控机床位置精度的检验方法。

（3）能正确使用位置精度检验的各种工量具。

（4）能够根据技术要求完成数控机床位置精度的检验。

7.9.3　任务准备

1. 资料准备

本任务需要的资料如下：

（1）该数控机床的使用说明书。

（2）该数控机床的出厂合格证书。

2. 工具准备

本任务需要的工具清单见表 7 - 12。

表 7 - 12　　　　　　　　　　　需 要 的 工 具 清 单

名　　称	规　　格	单　　位	数　　量
激光干涉仪	±0.5ppm（0～40℃）	套	1
步距规	1 级，450mm	个	1
杠杆式百分表	0～0.8mm	个	1
磁力表座	150	个	1

7.9.4　任务实施

7.9.4.1　位置精度概述

数控机床的位置精度是指机床各坐标轴在数控系统控制下运动时，各轴所能达到的位置精度（运动精度）。根据一台数控机床实测的定位精度数值，可以判断出加工工件在该机床上所能达到的最高加工精度。

位置精度主要检验内容包括：直线运动定位精度，直线运动重复定位精度，直线运动轴机械原点返回精度，直线运动矢动量。下面分别加以介绍。

1. 直线运动定位精度

直线运动定位精度是指数控机床的移动部件沿某一坐标轴运动时实际值与给定值的接近程度，其误差称为直线运动定位误差。影响该误差的因素包括伺服、检测、进给等系统的误差，还包括移动部件导轨的几何误差等。直线运动定位误差将直接影响零件的加工精度。

2. 直线运动重复定位精度

直线运动重复定位精度是反映坐标轴运动稳定性的基本指标，而机床运动的稳定性决定了加工零件质量的稳定性和误差的一致性。

3. 直线运动轴机械原点返回精度

数控机床每个坐标轴都有精确的定位起点，即坐标轴的原点或参考点，它与程序编制中使用的工件坐标系、夹具安装基准有直接关系。

4. 直线运动矢动量

坐标轴直线运动矢动量又称为直线运动反向误差，是进给轴传动链上驱动元件的反向死区以及机械传动副的反向间隙和弹性变形等误差的综合反映。该误差越大，定位精度和重复定位精度就越差，如果矢动量在全行程上分布均匀，可通过数控系统的反向间隙补偿功能予以补偿。

7.9.4.2　精度检验

定位精度和重复定位精度的检验仪器有激光干涉仪、线纹尺、步距规等。其中，步距规因其操作简单而广泛采用于批量生产中。

1. 定位精度的检验

按标准规定，对数控机床的直线运动定位精度的检验应用激光检验，如图 7 - 91 所示。当条件不具备时，也可用标准长度刻线尺配以光学显微镜进行比较检验，如

图 7-92 所示，这种方法的检验精度与检验技巧有关，一般可控制在（0.004～0.005)/1000mm。而激光检验的精度比标准长度刻线尺检验精度高一倍。

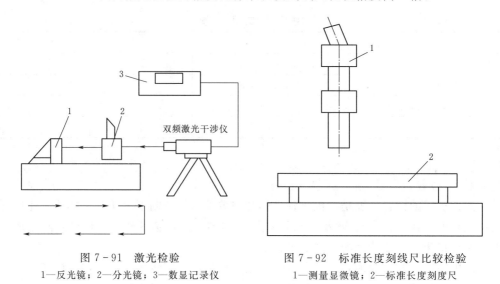

图 7-91   激光检验
1—反光镜；2—分光镜；3—数显记录仪

图 7-92   标准长度刻线尺比较检验
1—测量显微镜；2—标准长度刻度尺

为反映多次定位的全部误差，ISO 标准规定每一个定位点按 5 次测量数据计算出平均值和离散差±30σ，画出其定位精度曲线。定位精度曲线还与环境温度和轴的工作状态有关，如数控机床丝杠的热伸长为（0.01～0.02)mm/1000mm，而经济型的数控机床一般不能补偿滚珠丝杠热伸长，此时可采用预拉伸丝杠的方法来减少其影响。

2. 重复定位精度的检验

重复定位精度是反映直线轴运动精度稳定与否的基本指标，其所用检验仪器与检验定位精度相同，通常的检验方法是在靠近各坐标行程的两端和中点这三个位置进行测量，每个位置均用快速移动定位，在相同条件下重复 7 次，测出每个位置处每次停止时的数值，并求出 3 个位置中最大读数差值的 1/2，附上±号，作为该坐标的重复定位精度。

3. 机械原点复位精度的检验

原点复位即常称的"回零"，其精度实质上是指坐标轴上一个特殊点的重复定位精度，故其检验方法与检验重复定位精度基本相同，只不过将检验重复定位精度 3 个位置改为终点位置即可。

4. 直线运动矢动量的检验

直线运动矢动量的检验常采用表测法，其步骤如下：

（1）预先将工作台（或刀架）向正向或负向移动一段距离，并以停止后的位置为基准（百分表调零）。

（2）再在前述位移的相同方向给定一位移指令值，以排除随机反向误差的影响。

（3）往前述位移的相反方向移动同一给定位移指令值后停止，用百分表测量该停止位置与基准位置之差。

（4）在靠近行程的两端及中点这 3 个位置上，分别重复上述过程进行多次（通常为 7 次）测定，求出在各个位置上的测量平均值，以所得平均值中的最大值作为其反向误差值。

7.9.4.3　利用激光干涉仪进行位置精度检验

检验步骤如下：

（1）首先对整个机床进行调平，然后启动机床进行 15min 的空运转，接下来使 X 轴、Y 轴、Z 轴回零。

（2）完成激光干涉仪的安装与布置，如图 7-93 所示。

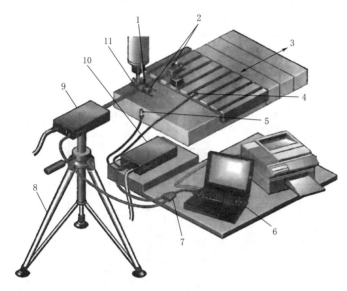

图 7-93　激光干涉仪安装连接示意

1—线性干涉镜；2—线性反射镜；3—移动方向；4—材料、温度传感器；5—气温传感器；
6—计算机带补偿软件；7—接口卡；8—三脚架；9—激光器；
10—补偿装置；11—镜组安装组件

（3）开启激光干涉仪的激光电源，使激光预热大约 15～20min，等激光指示灯变为绿色后，表明激光已稳定。

（4）进行光学镜的安装。

（5）进行激光器、干涉镜及反射镜的调整。

（6）根据测量要求，设定目标值，目标值的设定应尽可能覆盖整个行程范围。

（7）按目标值设定要求编制数控测量程序，进行数据采集，采集数据设定如图 7-94 所示。

（8）数据分析。

图 7-94　采集数据设定

7.9.4.4　实施步骤

完成数控机床位置精度的检验，并整理记录实验数据，填写表 7 - 13。

表 7 - 13　　　　　　　　数控机床位置精度检验记录表

序号	检验内容	检验方法	允许误差/mm	实测误差/mm
1	刀架回转的重复定位精度		0.01	
2	重复定位精度	Z 轴	0.015	
		X 轴	0.01	
3	定位精度	Z 轴	0.045	
		X 轴	0.04	

7.9.5　任务拓展

某工厂有一台数控铣床，配备 FANUC Oi - MF 数控系统，根据该机床使用说明书和出厂合格证书，对该机床进行位置精度的检测验收。

7.10　数控机床切削精度检测与验收

7.10.1　任务导入

某工厂有一台数控机床，配备 FANUC Oi－TF 数控系统，现要求根据该机床使用说明书和出厂合格证书，对该机床的切削精度进行检测验收。

7.10.2　任务目标

（1）掌握数控机床切削精度的检验内容。

（2）掌握数控机床切削精度的检验方法。

（3）能够正确使用切削精度检验的各种工具。

（4）能够根据技术要求完成数控机床切削精度的检验。

7.10.3　任务准备

1. 资料准备

本任务需要的资料如下：

（1）该数控机床的使用说明书；

（2）该数控机床的出厂合格证书。

2. 工具准备

本任务需要的工具清单见表 7－14。

表 7－14　　　　　　　　　　　需要的工具清单

名　　称	规　　格	单　位	数　　量
刀具	根据实际情况选用	套	1
各类量具	—	—	—
试件	车削试件	个	1

7.10.4　任务实施

7.10.4.1　数控机床切削精度检验概述

数控机床切削精度检验又称为动态精度检验，是在切削加工条件下，对机床几何精度和定位精度的综合考核。切削精度受机床几何精度、刚度、温度等影响，不同类型机床的精度检验方法也不同。进行切削精度检查的加工，可以是单项加工，也可以是综合加工一个标准试件，目前以单项加工为主。

7.10.4.2　数控机床单项加工精度检验

机床质量好坏最终考核标准依据的是该机床加工零件的质量，即可通过一个综合试件的加工质量来进行切削精度评价。在切削试件时，可参照《机床检验通则　第2部分：数控轴线的定位精度和重复定位精度的确定》（GB/T 17421.2—2023/ISO 230-2：2014）中的有关规定进行，或按机床所附有关技术资料的规定进行。对于数控卧式车床，单项加工精度有外圆车削、端面车削和螺纹切削，分别介绍如下。

1. 外圆车削

精车钢试件的三段外圆，车削后，检验外圆圆度及直径的一致性。

（1）外圆圆度检验：误差为试件近主轴端的一段外圆上，同一横剖面内最大与最小半径之差。

（2）直径一致性检验：误差为通过中心的同一纵向剖面内三段外圆的最大直径差。外圆车削试件如图 7-95 所示，其材料为 45 号钢，切削速度为 $100\sim150\text{m/min}$，背吃刀量为 $0.1\sim0.15\text{mm}$，进给速度不大于 0.1mm/r，刀片为 YW3 涂层刀具。试件长度取床身上最大车削直径的 $1/2$ 或 $1/3$，最长为 500mm，直径不小于长度的 $1/4$。精车后圆度小于 0.007mm，直径的一致性在 200mm 测量长度上小于 0.03mm，此时机床加工直径不大于 800mm。

2. 端面车削

精车铸铁盘形试件端面，车削后检验端面的平面度。精车端面的试件如图 7-96 所示。试件材料为灰铸铁，切削速度为 100m/min，背刀量为 $0.1\sim0.15\text{mm}$，进给速度不大于 0.1mm/r，刀片为 YW3 涂层刀具，试件最小外圆直径为最大加工直径的 $1/2$。精车后检验其平面度，200mm 直径上平面度不大于 0.02mm，且只允许出现中间凹的误差。

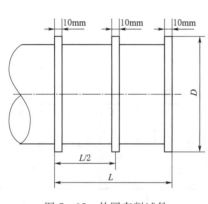

图 7-95 外圆车削试件

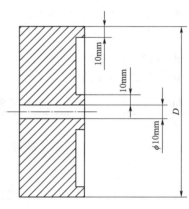

图 7-96 端面车削试件

3. 螺纹切削

用 60°螺纹车刀，精车 45 号钢类试件的外圆柱螺纹。螺纹切削试件如图 7-97 所示。

螺纹长度应不小于工件直径的 2 倍，且不得小于 75mm，一般取 80mm。螺纹直径接近 Z 轴丝杠的直径，螺距不超过 Z 轴丝杠螺距的 $1/2$，可以使用顶尖。精车 60°螺纹后，在任意 60mm 测量长度螺距累积允许误差为 0.02mm。

7.10.4.3 数控机床综合切削精度检验

综合车削试件如图 7-98 所示，其材料为 45 号钢，有轴类和盘类零件，加工内容包括台

图 7-97 螺纹切削试件

阶圆锥、凸球、凹球、倒角及割槽等，检验项目有圆度、直径尺寸精度及长度尺寸精度等。

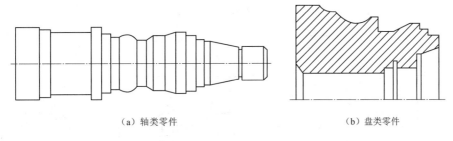

（a）轴类零件　　　　　　　　　　　（b）盘类零件

图 7-98　综合车削试件

7.10.4.4　数控铣床切削精度检验

对于立式数控铣床和加工中心，当进行切削精度检测时，可以是单项加工，也可以是综合加工一个标准试件。当进行单项加工时，主要检测的单项精度如下：

（1）镗孔精度。

（2）端面铣刀铣削平面的精度（X—Y 平面）。

（3）镗孔的孔距精度和孔径分散度。

（4）直线铣削精度。

（5）斜线铣削精度。

（6）同弧铣削精度。

对于卧式机床，还需要检测箱体掉头镗孔同心度和水平转台回转 90° 铣四方加工精度。

对于特殊的机床，还要做单位时间内金属切削量的试验等。切削加工试验材料除特殊要求之外，一般都用 1 级铸铁，并使用硬质合金刀具，按标准的切削用量切削。

此外，也可以综合加工一个标准试件来评定机床的切削精度，综合铣削标准试件如图 7-99 所示。

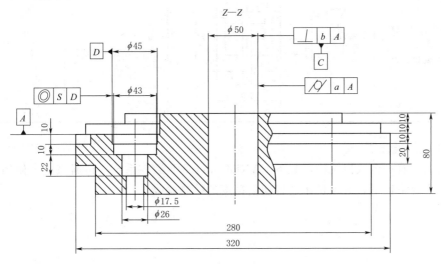

图 7-99　综合铣削标准试件（一）（单位：mm）

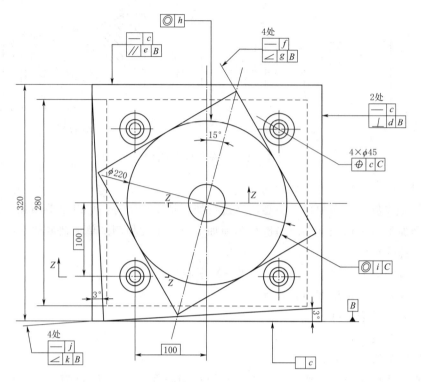

图 7-99 综合铣削标准试件（二）（单位：mm）

7.10.4.5 实施步骤

进行数控机床切削精度的检验，并整理记录实验数据，填写表 7-15。

表 7-15 数控机床切削精度检验记录表

检验内容	检验方法示意	允许误差/mm	实测误差/mm
精车外圆的精度： a：圆度 b：在纵截面内直径一致性	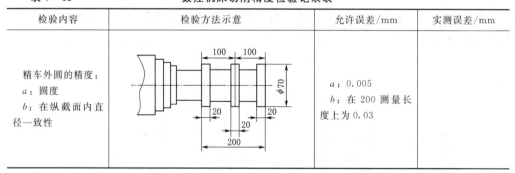	a：0.005 b：在 200 测量长度上为 0.03	

7.10.5 任务拓展

某工厂有一台数控铣床，配备 FANUC Oi-MF 数控系统，根据该机床使用说明书和出厂合格证书，对该机床进行切削精度的检测验收。

数控机床故障诊断与维修

中国数控机床
的发展趋势

任务导入

　　数控机床的应用越来越广泛，其加工柔性、精度以及生产效率方面具有很多的优点。随着数控技术的发展，对维修人员的素质要求有所提升，其维修理论、技术和手段也相应得到变化，要求从业者具有较深的专业知识和丰富的维修经验，在数控机床出现故障时才能及时将其排除。

　　现车间有一台数控机床设备不能正常工作，接到用户电气故障维修请求，请根据故障现象进行机床检查，分析故障原因并查找故障部位（点），通过修复，调整，更换相关电气部件、元件，使机床能够恢复原有的精度或功能。

知识目标：

（1）了解数控机床维修所需要的技术资料与内容。

（2）了解数控机床维修所需要的常用备件。

（3）了解数控机床维修所需要的基本检查。

（4）熟悉数控机床故障诊断的基本方法。

（5）掌握数控机床故障维修的相关案例。

素养目标：

（1）会查阅数控机床维修资料。

（2）会使用数控机床维修工具。

（3）能进行数控机床维修的基本检查。

（4）会选择数控机床故障诊断的方法，明确专业责任，增强使命感和责任感。

（5）了解岗位要求，培养正确、规范的工作习惯和严肃认真的工作态度。

（6）了解数控机床故障诊断与维修的基本方法，培养科学精神。

相关知识准备

8.1　数控机床故障诊断与维修方法

8.1.1　数控维修的基本要求

　　技术资料、工具、备件是数控维修需要具备的基本条件。技术资料是机床维修的

173

技术指南，借助技术资料可大大提高维修效率与准确性；维修工具是数控机床维修的必备条件，数控机床通常属于精密设备，它对维修工具的要求高于普通机床；数控机床维修备件一般以常用的电子、电气元件为主，维修时通常应根据实际情况尽可能准备。

对于复杂数控机床的故障维修，在理想状态下应具备以下技术资料。

1. 机床使用说明书

机床使用说明书，是由机床生产厂家编制并随机提供的资料，机床使用说明书通常包括以下与维修相关内容：

（1）机床的安装、运输要求。

（2）机床的操作步骤。

（3）机械传动系统和主要部件的结构和原理图。

（4）液压、气动、润滑系统原理图。

（5）机床安装和调整的方法与步骤。

（6）机床电气控制原理图。

（7）机床使用的辅助功能及其说明等。

2. CNC 使用手册

CNC 使用手册，是由数控系统生产厂家编制的使用手册，通常包括以下内容：

（1）CNC 的操作面板及其说明。

（2）CNC 的操作步骤，包括手动、自动、试运行操作，程序和参数等的输入、编辑、设置和显示方法等（操作说明书）。

（3）CNC 的信号与连接说明（连接说明书）。

（4）加工程序的格式与编制方法，指令及所代表的意义（编程说明书）。

（5）CNC 的功能说明与参数设定要求（功能说明书）。

（6）CNC 报警的含义及处理方法等（维修说明书）。

3. PLC 程序和编程手册

全功能数控机床的 CNC 系统一般有集成式的 PLC（PMC），PLC 程序是机床厂根据机床的具体要求所设计的机床控制软件；普及型 CNC 一般不使用 PLC。

PLC 程序中包含了机床动作执行过程、执行动作所需的条件等信息，它表明了机床所有控制信号、检测元件、执行元件间的全部逻辑关系。借助 PLC 程序，维修人员可以迅速找到故障原因，它是数控机床维修过程中使用最多、最为重要的资料，机床出厂时必须随机提供给用户。在部分数控系统上（如 FANUC、SIEMENS 等），还可利用 CNC 的 MDI/LCD 面板直接进行 PLC 程序的动态检测和显示，它为维修提供了极大的便利，因此，在维修中一定要熟练掌握 PLC 的操作、使用方法，掌握 PLC 的编程指令。

PLC 编程手册是数控机床所使用的外置或内置式 PLC 的指令与程序编制说明，是维修人员了解 PLC 指令与功能，分析 PLC 程序的基础。PLC 编程手册由 PLC 生产厂家编制，通常也只提供给机床生产厂家作为设计资料，维修人员可从机床生产厂家或 PLC 的生产、销售部门获得。

4. 机床参数清单

机床参数清单是由机床生产厂根据机床实际要求，对 CNC 进行的设置与调整。机床参数是 CNC 与机床之间的"桥梁"，它不仅直接决定了 CNC 的功能配置，而且也影响到机床的动态、静态性能和精度；它是机床维修的重要依据与参考，机床出厂时必须随机提供给机床用户。

数控机床维修时，应随时参考 CNC"机床参数"的出厂设置，并进行有针对性的调整；更换 CNC 或相关模块时，需要记录机床的出厂设置值，以便恢复机床功能。

5. 伺服和主轴驱动使用说明书

伺服和主轴驱动使用说明书中包含了进给伺服系统、主轴驱动系统的原理与连接要求、操作步骤、状态与报警显示、参数说明、驱动器的调试与检测方法等内容。

伺服和主轴驱动说明书由驱动器生产厂家编制，通常也只提供给机床生产厂家作为设计资料，维修人员可从机床生产厂家或驱动器的生产、销售部门获得。

6. 主要功能部件说明书

数控机床一般需要使用较多功能部件，如数控转台、自动换刀装置、润滑装置、排屑装置等。功能部件的生产厂家一般都有完整的使用说明书，作为正规的机床生产厂家，都会将其提供给用户，它是功能部件故障维修的参考资料。

7. 维修记录

维修记录是对机床维修情况的全程记录与说明，维修人员应对自己所进行的每一步维修都进行详细记录，不管当时的判断是否正确，这样不仅有助于今后进一步维修，而且也有助于维修人员的经验总结与水平提高。

以上都是在理想情况下应具备的技术资料，但是实际维修时往往难以保证技术资料的完整。因此，在绝大多数场合，维修人员需要通过现场测绘、平时积累等方法来补充、完善相关技术资料。

8.1.2　数控机床的基本检查

数控机床的部分故障可能与外部条件、操作方法、安装等因素有关，维修时应根据故障现象，认真对照机床、CNC、驱动器使用说明书，进行相关检查，以便确认故障的原因。维修时需要检查的内容如下。

1. 机床状态检查

（1）机床的工作条件是否符合要求？气动、液压的压力是否满足要求？

（2）机床是否已经正确安装与调整？

（3）机械零件是否有变形与损坏现象？

（4）自动换刀的位置是否正确？动作是否已经调整好？

（5）坐标轴的参考点、反向间隙补偿等是否已经进行调整与补偿？

（6）加工所使用的刀具是否符合要求？切削参数选择是否合理、正确？刀具补偿量等参数的设定是否正确？

（7）CNC 的基本设定参数如工件坐标系、坐标旋转、比例缩放、镜像轴、编程尺寸单位选择等是否设定正确？

2. 机床操作检查

（1）机床是否处于正常加工状态？工作台、夹具等装置是否位于正常工作位置？

（2）操作面板上的按钮、开关位置是否正确？

（3）机床各操作面板上，数控系统上的"急停"按钮是否处于急停状态？

（4）电气柜内的熔断器是否有熔断？自动开关、断路器是否有跳闸？机床是否处于锁住状态？倍率开关是否设定为"0"？

（5）机床操作面板上的方式选择开关位置是否正确？进给保持按钮是否被按下？

（6）在机床自动运行时是否改变或调整过操作方式？是否插入了手动操作？

3. 机床连接检查

（1）输入电源是否有缺相现象？电压范围是否符合要求？

（2）机床电源进线是否可靠接地？接地线的规格是否符合要求？系统接地线是否连接可靠？

（3）电缆是否有破损，电缆拐弯处是否有破裂、损伤现象？电源线与信号线布置是否合理？电缆连接是否正确、可靠？

（4）信号屏蔽线的接地是否正确？端子板上接线是否牢固、可靠？

（5）继电器、电磁铁以及电动机等电磁部件是否装有噪声抑制器？

4. CNC 外观检查

（1）是否在电气柜门打开的状态下运行？有无切削液或切削粉末进入柜内？空气过滤器清洁状况是否良好？

（2）电气柜内部的风扇、热交换器等部件的工作是否正常？

（3）电气柜内部 CNC、驱动器是否有灰尘、金属粉末等污染？

（4）电源单元的熔断器是否熔断？

（5）电缆连接器插头是否完全插入、拧紧？

（6）CNC 的模块、线路板安装是否牢固、可靠？

（7）CNC、驱动器的设定端的安装是否正确？

（8）操作面板、MDI/LCD 单元有无破损？

维修时需要进行检查的项目较多，而且机床越复杂，检查内容就越多，为了方便检查、防止遗留，对于需要长期维修的机床，最好能够事先设计、制作一份专门的维修检查表，逐项进行检查。

8.1.3　故障分析的基本方法

故障分析是进行数控机床维修的重要步骤，通过故障分析，一方面可以基本确定故障的部位与产生原因，为排除故障提供正确的方向，少走弯路；另一方面还可以检验维修人员素质，促进维修人员提高分析问题、解决问题的能力。

通常而言，数控机床的故障分析、诊断主要有以下几种方法。

1. 常规分析法

常规分析法是对数控机床的机、电、液等部分进行常规检查，以此来判断故障发生原因与部位的一种简单方法，常规分析一般只能判定外部条件和器件外观损坏等简

8.1

8.2

单故障，其作用与维修的基本检查类似。在数控机床上，常规分析法通常包括以下内容：

（1）检查电源（电压、频率、相序、容量等）是否符合要求。

（2）检查 CNC、伺服驱动、主轴驱动、电动机、输入/输出信号的连接是否正确、可靠。

（3）检查 CNC、伺服驱动等装置内的电路板是否安装牢固，接插部位是否有松动。

（4）检查 CNC 伺服驱动、主轴驱动等部分的设定端、电位器的设定、调整是否正确。

（5）检查液压、气动、润滑部件的油压、气压等是否符合机床要求。

（6）检查电器元件、机械部件是否有明显的损坏等。

2. 动作分析法

动作分析法是通过观察、监视机床实际动作，判定不良部位，并由此来追溯故障根源的一种方法。一般来说，数控机床采用液压、气动控制的部位，如自动换刀装置、交换工作台装置、夹具与传输装置等均可以通过动作分析来判定故障原因。

在 CNC、驱动器等装置主电源关闭情况下，通过对启动、液压电磁阀的手动操作，使得机械运动，检查动作正确性、可靠性，是动作分析常用的方法之一。而利用外部发信体、万用表、指示灯，检查接近开关、行程开关的发信状态；利用手动旋转与移动，检查编码器、光栅的输出信号等都是常用的动作分析方法。

3. 状态分析法

状态分析法是通过监测执行部件的工作状态，判定故障原因的一种方法，这一方法在数控机床维修过程中使用最广。

在现代数控系统中，进给伺服系统、主轴驱动系统、电源模块等部件的主要参数都可以通过各种方法进行动态、静态检测，例如，可以利用伺服、主轴的检测参数检查输入/输出电压、输入/输出电流、给定/实际转速与位置、实际的负载大小等。此外，利用 PLC 的诊断功能，还可以检查机床全部 I/O 信号、CNC 与 PLC 的内部信号、PLC 内部继电器、定时器等的工作状态，在先进的 CNC 中还可以通过 PLC 的动态梯形图显示、示波器功能、单循环扫描、信号的强制、ON/OFF 等方法进行分析与检查。

利用状态分析法，可以在不使用外部仪器、设备的情况下，根据内部状态，迅速找到故障的原因，这一方法在数控机床维修过程中使用最广，维修人员必须熟练掌握。

4. 程序分析法

程序分析法是通过某些特殊的操作或编制专门的测试程序段，确认故障原因的一种方法，这一方法一般用于自动运行故障的分析与判断。例如，可以通过手动单步执行加工程序、自动换刀程序、自动交换工作台程序、辅助机能程序等，进行自动运行的动作与功能检查。

通过程序分析法，可以判定自动加工程序的出错部位与出错指令，确定故障是加工程序编制的原因还是机床、CNC 方面的原因。

8.2　数控机床常见机械部件故障

8.2.1　主轴部件故障

8.3

8.4

由于使用调速电动机，所以数控机床主轴箱结构比较简单，容易出现故障的部位是主轴内部的刀具自动夹紧机构、自动调速装置等。为保证在工作中或停电时刀夹不会自行松脱，刀具自动夹紧机构采用弹簧夹紧，并配行程开关发出夹紧或放松信号。若刀具夹紧后不能松开，则考虑调整松刀液压缸压力和行程开关装置，或调整碟形弹簧上的螺母，减小弹簧压合量。此外，主轴发热和主轴箱噪声问题也不容忽视，此时主要考虑清洗主轴箱、调整润滑油量、保证主轴箱清洁度和更换主轴轴承、修理或更换主轴箱齿轮等。

8.2.2　进给传动链故障

8.5

因为在数控机床进给传动系统中，普遍采用滚珠丝杠副、静压丝杠螺母副、滚动导轨、静压导轨和塑料导轨。所以进给传动链有故障主要反映的是运动质量下降，如机械部件未运动到规定位置、运行中断、定位精度下降、反向间隙增大、爬行、轴承噪声变大（撞车后）等。对于此类故障可以通过以下措施预防。

1. 提高传动精度

通过调节各运动副预紧力调整松动环节、消除传动间隙、缩短传动链和在传动链中设置减速齿轮这些措施，可提高传动精度。

8.6

2. 提高传动刚度

调节丝杠螺母副、支承部件的预紧力及合理选择丝杠本身尺寸，是提高传动刚度的有效措施。刚度不足还会导致工作台或拖板产生爬行和振动以及造成反向死区，影响传动准确性。

3. 导轨

8.7

滚动导轨对脏物比较敏感，必须有良好的防护装置，而且滚动导轨的预紧力选择要恰当，过大会使牵引力显著增加。静压导轨应有一套过滤效果良好的供油系统。

8.2.3　自动换刀装置故障

自动换刀装置故障主要表现为刀库运动故障、定位误差过大、机械手夹持刀柄不稳定、机械手运动误差较大等。故障严重时会造成换刀动作卡住，机床被迫停止工作。

1. 刀库运动故障

若连接电动机轴与蜗杆轴的联轴器松动或机械连接过紧等机械原因，造成刀库不能转动，就必须紧固联轴器上的螺钉。若刀库转动不到位，则是由电动机转动故障或传动误差造成的。若出现刀套不能夹紧刀具，则需调整刀套上的调节螺钉，压紧弹簧，顶紧卡紧销。当出现刀套上/下不到位时，应检查拨叉位置或限位开关的安装与调整情况。

2. 换刀机械手故障

若刀具夹不紧、掉刀，则调整卡紧爪弹簧，使其压力增大，或更换机械手卡紧销。若刀具夹紧后松不开，则应调整松锁弹簧后的螺母，使最大载荷不超过额定值。若刀具交换时掉刀，则是由换刀时主轴箱没有回到换刀点或换刀点漂移造成的，应重新操作主轴箱，使其回到换刀位置，并重新设定换刀点。

8.2.4　各轴运动位置行程开关压合故障

在数控机床上，为保证自动化工作的可靠性，采用了大量检测运动位置的行程开关装置。经过长期运行，运动部件的运动特性发生变化，行程开关压合装置的可靠性及行程开关本身品质特性的改变，对整机性能会产生较大影响。一般要适时检查和更换行程开关，以消除因此类开关不良对机床的影响。

8.2.5　配套辅助装置故障

1. 液压系统

液压泵应采用变量泵，以减少液压系统的发热油箱内安装的过滤器数量，应定期用汽油或超声波振动清洗。常见故障主要是泵体磨损、裂纹和机械损伤，此时一般必须大修或更换零件。

2. 气压系统

用于刀具或工件夹紧、安全防护门开关以及主轴锥孔吹屑的气压系统中，分水滤气器应定时放水，定期清洗，以保证气动元件中运动零件的灵敏性。阀芯动作失灵、空气泄漏、气动元件损伤及动作失灵等故障均由润滑不良造成，故油雾器应定期清洗。此外，还应经常检查气动系统的密封性。

3. 润滑系统

润滑系统包括对机床导轨、传动齿轮、滚珠丝杠、主轴箱等的润滑。润滑泵内的过滤器需定期清洗、更换，一般每年应更换一次。

4. 冷却系统

冷却系统对刀具和工件起冷却和冲屑作用。冷却液喷嘴应定期清洗。

5. 排屑装置

排屑装置是具有独立功能的附件，主要保证自动切削顺利进行和减少数控机床的发热。因此，排屑装置应能及时自动排屑，其安装位置一般应尽可能靠近刀具切削区域。

8.3　机床参考点与返回参考点的故障与维修

8.3.1　机床参考点及返回参考点方法

参考点是数控机床确定机床坐标系原点（零点）的参考位置点，它在机床出厂时已调整好。一般在机械坐标系中可以设置 4 个机床参考点，例如，可以为自动刀具交换的动作设置一个机床参考点，保证各伺服轴移动到与机床动作无干涉的安全区域。

回参考点的目的是把机床的各轴移动到正方向的极限位置，使机床各轴的位置与CNC的机械位置吻合，从而（通过第一参考点参数 1240 反找）建立机床坐标系。能否正确回参考点影响零件的加工质量，并且也是各种补偿的基准。

机床厂在制造机床时，可以给各个坐标轴的位置检测装置配置绝对位置编码器和增量位置编码器，也可以选择绝对光栅尺和增量光栅尺，如图 8-1 所示。

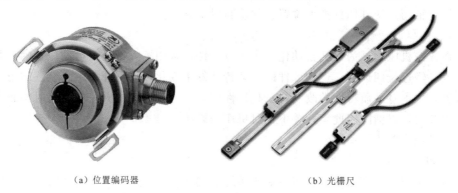

（a）位置编码器　　　　　　　　　　（b）光栅尺

图 8-1　常用位置检测元件

当选择绝对位置编码器时，由于该编码器始终处于工作状态（不管系统是否工作），在系统断电时由单独的电池（6V）提供工作电源，使得机床的零点一直存在。因为使用增量编码器时，系统在通电后，机床的零点还没有建立，所以必须进行回参考点操作。

回参考点的方式因数控系统的类型和机床生产厂家而异。目前，采用脉冲编码器或光栅尺作为位置检测的数控机床多采用栅格法来确定机床的参考点。脉冲编码器或光栅尺都会产生零标志信号，脉冲编码器的零标志信号又称"一转信号"。每产生一个零标志信号相对于坐标轴移动一个位移，将该位移按一定等分数分割得到的数据即为栅格间距，其大小由机床参数决定。当伺服电动机（带脉冲编码器）与滚珠丝杆采用 1∶1 直接连接时，一般设定栅格间距为丝杆螺距。光栅尺的栅格间距为光栅尺上两个零标志之间的距离。采用这种增量式检测装置的数控机床一般具有以下 4 种回参考点方式。

（1）回参考点方式一。回参考点前，先用手动方式以速度 V_1 快速将轴移动到参考点附近，然后启动回参考点操作，轴便以较慢速度向参考点移动；碰到参考点开关后，数控系统即开始寻找位置检测装置上的零标志；当到达零标志时，发出与零标志脉冲相对应的栅格信号，轴即在此信号的作用下迅速制动到零，然后再以 V_2 速度前移参考点偏移量并停止，所停止位置即为参考点，如图 8-2 所示。偏移量的大小通过测量由机床参数设定。

（2）回参考点方式二。回参考点时，轴先以速度 V_1 向参考点快速移动，碰到参考点开关后，在减速信号的控制下，减速到速度 V_2 并继续前移，脱开挡块后，再找零标志；当到达测量系统零标志发出的栅格信号时，轴即制动到速度为零，然后再以速度 V_2 前移参考点偏移量并停止于参考点，如图 8-3 所示。

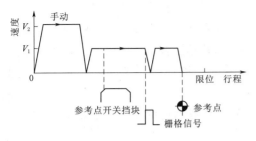

图 8-2　回参考点方式一

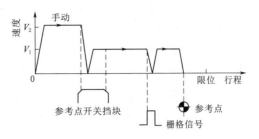

图 8-3　回参考点方式二

（3）回参考点方式三。回参考点时，轴先以速度 V_1 快速向参考点移动，碰到参考点开关后速度制动到零，然后反向以速度 V_2 慢速移动；到达测量系统零标志发出的栅格信号时，轴即制动到速度为零，然后再以 V_2 速度前移参考点偏移量并停止于参考点，如图 8-4 所示。

（4）回参考点方式四。回参考点时，轴先以速度 V_1 快速向参考点移动，碰到参考点开关后速度制动到零，然后再反向移动直至脱离参考点开关；随后又沿原方向移动撞上参考点开关，并且以速度 V_2 慢速前移，到达测量系统零标志产生的栅格信号时，轴即制动到速度为零，再前移参考点偏移量并停止于参考点，如图 8-5 所示。

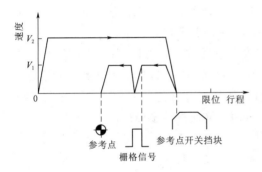

图 8-4　回参考点方式三

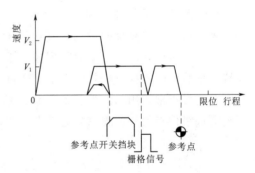

图 8-5　回参考点方式四

在 FANUC 系统中，回参考点的控制采用栅格回零的方法，具体控制是采用软件和硬件电路一起实现的，零点的位置取决于电动机的一转信号的位置。常见的参考点设定方法见表 8-1。

表 8-1　　　　　　　　　　　　常见的参考点设定方法

回参考点的方法		减速挡块	脉冲编码器	
			增量式	绝对式
对准标记设定参考点		不要	不建议采用	建议采用
栅格方式	无挡块参考点	不要	不建议采用	建议采用
	有挡块方式参考点	必要	建议采用	可以采用

8.3.2　回参考点的故障与排除方法

回参考点故障主要有：出现超程并报警；回不到参考点，参考点指示灯不亮；回参考点的位置不稳定；回参考点整螺距偏移；回参考点时报警，并有报警信息。

（1）出现超程并报警分为两种情况。一种情况是回参考点前，坐标轴的位置离参考点距离过小造成的。解除超程保护后，将坐标轴移动到行程范围内，重新回参考点操作，即可排除故障。另一种情况是"参考点减速"挡块松动或位置发生变化引起的，重新调整固定挡块就可以排除故障。

（2）回不到参考点，参考点指示灯不亮。可以调整对应的"位置跟随误差"排除故障。

（3）回参考点的位置不稳定。可以检查挡块的位置和接触情况、脉冲编码器"零脉冲"、电动机与丝杠之间的间隙排除故障。

（4）回参考点整螺距偏移。参考点整螺距偏移需要重新调整减速挡块位置来排除。

（5）回参考点时报警，并有报警信息。对于这种故障，可针对报警信息，查看机床说明书，作相应处理。信息提示可能属于编码器"零脉冲"不良、系统光栅尺不良、屏蔽线不良、系统参数设置错误等故障。对于硬件不良，需要维修或更换；对于参数设置错误，需要按备份参数重新设置。

【例 8-1】　一台数控铁床采用回参考点方式三维修故障。

故障现象：X 轴先正向快速运动，碰到参考点开关后，能以慢速反向运动，但找不到参考点，而一直反向运动，直到碰到限位开关而紧急停止。

故障分析与处理：根据故障现象和返回参考点的方式，可以判断减速信号正常，位置测量装置的零标志信号不正常。通过 CNC 系统的 PLC 接口指示观察，确定参考点开关信号正常，用示波器检测零标志信号，如果有零标志信号输出，可诊断 CNC 系统测量组件有关零标志信号通道有问题，可用互换法进一步确诊。

8.4　刀架故障诊断方法

8.4.1　刀架旋转不到位的故障与排除

刀架旋转不到位的故障原因与排除方法见表 8-2。

表 8-2　　　　　　　　　　刀架旋转不到位的故障原因与排除方法

序号	故　障　原　因	排　除　方　法
1	液压系统出现问题，油路不畅通或液压阀出现问题	检查液压系统
2	液压马达出现故障	检查液压马达是否正常工作
3	刀库负载过重，或者有阻滞的现象	检查刀库装刀是否合理
4	润滑不良	检查润滑油路是否畅通，并重新润滑

8.4.2　刀架锁不紧的故障与排除

刀架锁不紧的故障原因与排除方法见表 8-3。

序号	故障原因	排除方法
1	刀架反转信号没有输出	检查线路是否有误
2	刀架锁紧时间过短	增加锁紧时间
3	机械故障	重新调整机械部分

表8-3　　刀架锁不紧的故障原因与排除方法

8.4.3　刀架电动机不转的故障与排除

刀架电动机不转的故障原因与排除方法见表8-4。

表8-4　　刀架电动机不转的故障原因与排除方法

序号	故障原因	排除方法
1	电源相序接反（使电动机正反转相反）或电源缺相（适用普通车床刀架）	将电源相序调换
2	PLC程序出错，换刀信号没有发出	重新调试PLC

8.5　进给传动系统的维护与故障诊断

8.5.1　进给系统机械传动结构

通常，一个典型的数控机床半闭环控制进给系统，由位置比较、放大元件、驱动单元、机械传动装置和检测反馈元件等几部分组成。其中，机械传动装置是指将驱动源的旋转运动变为工作台的直线运动的整个机械传动链，包括联轴器、齿轮装置、丝杠螺母副等中间传动机构，如图8-6所示。

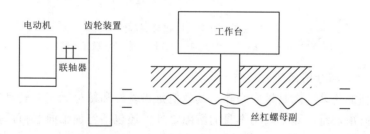

图8-6　进给传动机械装置的构成

8.5.2　滚珠丝杠螺母副的调整与维护

滚珠丝杠螺母副克服了普通螺旋传动的缺点，已发展成为一种高精度的传动装置。它采用滚动摩擦螺旋取代了滑动摩擦螺旋，具有磨损小、传动效率高、传动平稳、寿命长、精度高、温升低等优点。但是，它不能自锁，用于升降传动（如主轴箱或工作台升降）时需要另加锁紧装置，结构复杂、成本偏高。

1. 滚珠丝杠螺母副的结构

图8-7所示为滚珠丝杠螺母副的结构。在图8-7（a）中，丝杠和螺母之间的螺旋滚道内填入钢珠，使丝杠与螺母之间的运动成为滚动。丝杠、螺母和钢珠都是由轴承钢制成的，并经淬硬、磨削。螺旋滚道内截面为圆弧，半径略大于钢珠半径，钢珠

密填。根据回珠方式，滚珠丝杠可分为两类。在图 8 - 7 (b) 中，钢珠从 A 点走向 B 点、C 点、D 点，然后经反向回珠器从螺纹的顶上回到 A 点。螺纹每一圈形成一个钢珠的循环闭路，这种回珠器处于螺母之内的滚珠丝杠螺母副，称为内循环反向器式滚珠丝杠螺母副。每一列钢珠转几圈后经插管式回珠器返回，这种插管式回珠器位于螺母之外的滚珠丝杠螺母副，称为外循环插管式滚珠丝杠螺母副。

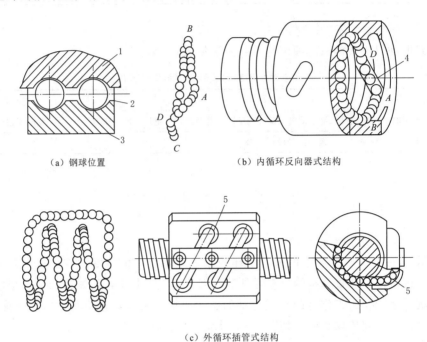

（a）钢球位置   （b）内循环反向器式结构

（c）外循环插管式结构

图 8 - 7　滚珠丝杠螺母副的结构
1—丝杠；2—钢珠；3—螺母；4—反向回珠器；5—插管式回珠器

2. 滚珠丝杠螺母副间隙的调整

滚珠丝杠的传动间隙是轴向间隙，其数值是指丝杠和螺母无相对转动时，两者之间的最大轴向窜动量。除了结构本身的游隙之外，还包括施加轴向载荷后产生的弹性变形所造成的轴向窜动量。

由于存在轴向间隙，当丝杠反向转动时，将产生空回误差，从而影响传动精度和轴向刚度。通常采用预加载荷（预紧）的方法来减小弹性变形带来的轴向间隙，保证反向传动精度和轴向刚度。但过大的预加载荷会增大摩擦阻力，降低传动效率，缩短使用寿命。所以，一般需要经过多次调整，以保证既消除滚珠丝杠螺母副的间隙，又能使其灵活运转。常用的调整方法有以下 3 种。

（1）双螺母齿差消隙结构。如图 8 - 8 所示，在螺母 1 和螺母 2 的凸缘上分别切出只相差一个齿的齿圈，其齿数分别为 Z_1 和 Z_2，然后装入螺母座中，分别与固紧在套筒两端的内齿圈相啮合。调整时，先取下内齿圈，让两个螺母相对于套筒同方向都转动一个齿，然后再插入内齿圈，这样两个螺母便产生相对角位移，其轴向位移量 $S = (1/Z_1 - 1/Z_2)F$，其中 F 为滚珠丝杠导程。这种调整方法精度高，预紧准确可靠，调整方便，多用于高精度的传动。

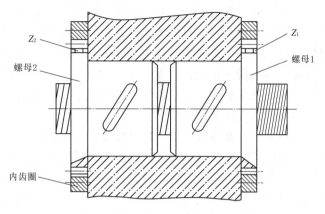

图 8-8   双螺母齿差消隙结构

（2）双螺母螺纹消隙结构。如图 8-9 所示，螺母 1 的外端有凸缘，螺母 2 外端有螺纹，调整时只要旋动圆螺母 6 即可消除轴向间隙，并可产生预紧力。这种方法结构简单，但较难控制，容易松动，准确性和可靠性均差。

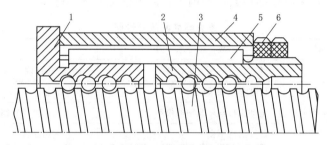

图 8-9   双螺母螺纹消隙结构
1—螺母 1；2—螺母 2；3—丝杠；4—前螺母；5—后螺母；6—圆螺母

（3）双螺母垫片消隙结构。图 8-10 所示为常用的双螺母垫片消隙结构，改变垫片 4 的厚度使左右两螺母产生方向相反的位移，可以消除间隙和预紧。这种方法结构简单，拆卸方便，工作可靠，刚性好；但使用中不便于调整，精度低。

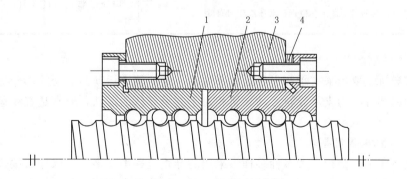

图 8-10   双螺母垫片消隙结构
1—螺母 1；2—螺母 2；3—固定垫铁；4—垫片

3. 滚珠丝杠螺母的维护

定期检查支承轴承。应定期检查丝杠支承与床身的连接是否松动以及支承轴承是否损坏等。如有以上问题，要及时紧固松动部位并更换支承轴承。

滚珠丝杠副的润滑和密封。滚珠丝杠副也可用润滑剂来提高耐磨性及传动效率。润滑剂可分为润滑油和润滑脂两大类。润滑油为一般机油、90～180 号透平油或 140 号主轴油。润滑脂可采用锂基油脂。润滑脂加在螺纹滚道和安装螺母的壳体空间内，而润滑油则经过壳体上的油孔注入螺母的空间内。

滚珠丝杠副常用防尘密封圈和防护罩。密封圈装在滚珠螺母的两端，接触式的弹性密封圈是用耐油橡皮或尼龙等材料制成的，其内孔制成与丝杠螺纹滚道相配合的形状。接触式密封圈的防尘效果好，但因有接触压力，使摩擦力矩略有增加。非接触式的密封圈是用聚氯乙烯等塑料制成的，其内孔形状与丝杠螺纹滚道相反，并略有间隙。非接触式密封圈又称为迷宫式密封圈。对于暴露在外面的丝杠一般采用螺旋钢带、伸缩套筒、锥形套筒以及折叠式塑料或人造革等形式的防护罩，以防止尘埃和磨粒黏附到丝杠表面。这几种防护罩与导轨的防护罩有相似之处，一端连接在滚珠螺母的端面，另一端固定在滚珠丝杠的支承座上。

滚珠丝杠副常见故障的现象、原因及排除方法见表 8 - 5。

表 8 - 5   滚珠丝杠副故障诊断

序号	故障现象	故障原因	排除方法
1	滚珠丝杠副噪声	丝杠支承的压盖压合情况不好	调整轴承压盖，使其压紧轴承端面
		丝杠支承轴承破损	更换新轴承
		电动机与丝杠联轴器松动	拧紧联轴器锁紧螺母
		丝杠润滑不良	改善润滑条件
		滚珠丝杠副轴承有破损	更换新滚珠
2	滚珠丝杠运动不灵活	轴向预紧力太大	调整轴向间隙和预加载荷
		丝杠与导轨不平行	调整丝杠支座位置
		螺母轴线与导轨不平行	调整螺母位置
		丝杠弯曲变形	校直丝杠
3	滚珠丝杠副润滑不良	检查各滚珠丝杠副润滑	用润滑脂润滑的丝杠，需添加润滑脂

8.5.3 导轨副的调整与维护

机床导轨主要用来支承和引导运动部件沿一定的轨道运动。运动的部分称为动导轨，不动的部分称为支承导轨。动导轨相对于支承导轨的运动，通常是直线运动或回转运动。

1. 数控机床常用导轨

数控机床由于结构形式多种多样，采用的导轨也种类众多。机床导轨按运动导轨的轨迹分为直线运动导轨副和旋转运动导轨副。数控机床常用的直线运动滑动导轨的截面形状如图 8 - 11 所示。根据支承导轨的凸凹状态，又可分为凸形（上）和凹形

（下）两类导轨。凸形需要有良好的润滑条件。凹形容易存油，但也容易积存切屑和尘粒，因此适用于具有良好防护的环境。

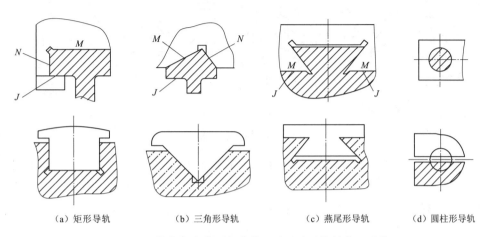

（a）矩形导轨　　　　（b）三角形导轨　　　　（c）燕尾形导轨　　　（d）圆柱形导轨

图 8-11　数控机床常用的直线运动滑动导轨的截面形状

（1）矩形导轨。如图 8-11（a）所示，易加工制造，承载能力较大，安装调整方便。M 面起支承兼导向作用，起主要导向作用的 N 面磨损后不能自动补偿间隙，需要有间隙调整装置。它适用于载荷大且导向精度要求不高的机床。

（2）三角形导轨。如图 8-11（b）所示，三角形导轨有两个导向面，同时控制了垂直方向和水平方向的导向精度。这种导轨在载荷的作用下，自行补偿消除间隙，导向精度较其他导轨高。

（3）燕尾形导轨。如图 8-11（c）所示，它是闭式导轨中接触面最少的结构，磨损后不能自动补偿间隙，需用镶条调整。它能承受颠覆力矩，摩擦阻力较大，多用于高度小的多层移动部件。

（4）圆柱形导轨。如图 8-11（d）所示，这种导轨刚度高，易制造，外径可磨削，内孔可布磨达到精密配合，但磨损后间隙调整困难。它适用于受轴向载荷的场合，如压力机、布磨机、攻螺纹机和机械手等。

2. 间隙调整

如果导轨副的轨面之间间隙过小，则摩擦阻力大，导轨磨损加剧；如果间隙过大，则运动失去准确性和平稳性，失去导向精度。调整间隙的方法有如下几种。

（1）压板调整间隙。图 8-12 所示为矩形导轨上常用的几种压板调整间隙装置。

压板用螺钉固定在动导轨上，常用钳工配合刮研及选用调整垫片、平镶条等机构，使导轨面与支承面之间的间隙均匀，达到规定的接触点数。对图 8-12（a）所示的压板结构，如间隙过大，应修磨或刮研 B 面；若间隙过小或压板与导轨压得太紧，则可刮研或修磨 A 面。

（2）镶条调整间隙。图 8-13（a）所示为一种全长厚度相等、横截面为平行四边形（用于燕尾形导轨）或矩形的平镶条，通过侧面的螺钉调节和螺母锁紧，以其横向位移来调整间隙。由于收紧力不均匀，故在螺钉的着力点有挠曲。图 8-13（b）所示

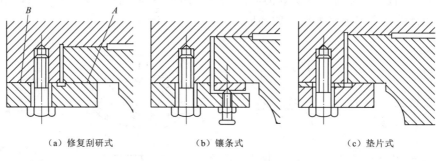

（a）修复刮研式　　　　　　　（b）镶条式　　　　　　　（c）垫片式

图 8 – 12　压板调整间隙

为一种全长厚度变化的斜镶条及 3 种用于斜镶条的调节螺钉，以斜镶条的纵向位移来调整间隙。斜镶条在全长上支承，其斜度为 1∶40 或 1∶100，由于楔形的增压作用会产生过大的横向压力，因此调整时应细心。

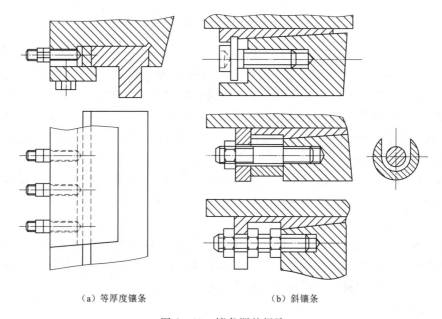

（a）等厚度镶条　　　　　　　　（b）斜镶条

图 8 – 13　镶条调整间隙

（3）压板镶条调整间隙。如图 8 – 14 所示，T 形压板用螺钉固定在运动部件上，运动部件内侧和 T 形压板之间放置斜镶条，镶条不是在纵向有斜度，而是在高度方面做成倾斜。调整时，借助压板上几个推拉螺钉，使镶条上下移动，从而调整间隙。

三角形导轨的上滑动面能自动补偿，下滑动面的间隙调整与矩形导轨的下压板调整底面间隙的方法相同。圆形导轨的间隙不能调整。

3. 导轨的润滑与防护

（1）滑动导轨的润滑。数控机床滑动导轨的润滑主要采用压力润滑。一般常用压力循环润滑和定时定量润滑两种方式。常用的润滑油为 L – AN10/15/32/42/68，精密机床导轨油 L – HG68、汽轮机油 L – TSA32/46 等。

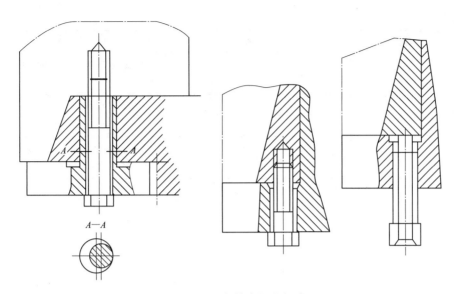

图 8-14 压板镶条调整间隙

（2）导轨的防护。为了防止切屑、磨粒或切削液散落在导轨面上而引起磨损加快、擦伤和锈蚀，导轨面上应有可靠的防护装置。

4. 导轨副的故障诊断

导轨副故障的现象、原因及排除方法见表 8-6。

表 8-6　　　　　　　　　**导 轨 副 故 障 诊 断**

序号	故障现象	故 障 原 因	排 除 方 法
1	导轨研伤	机床经长期使用，地基与床身水平有变化，使导轨局部单位面积载荷过大	定期进行床身导轨的水平调整或修复导轨精度
		长期加工短工件或承受过分集中的负荷，使导轨局部磨损严重	注意合理分布短工件的安装位置，避免负荷过分集中
		导轨润滑不良	调整导轨润滑油量，保证润滑油压力
		导轨材质不佳	采用电镀加热自冷淬火对导轨进行处理，在导轨上增加锌铝铜合金板
		刮研质量不符合要求	提高刮研修复的质量
		机床维护不良，导轨内落入脏物	加强机床保养，保护好导轨防护装置
2	导轨上移动部件运动不良或不能移动	导轨面研伤	用 180 号纱布修磨机床导轨面上的研伤
		导轨压板研伤	卸下压板，调整压板与导轨间隙
		导轨镶条与导轨间隙太小，调得太紧	松开镶条止退螺钉，调整镶条螺栓，使运动部件运动灵活，保证 0.03mm 塞尺不得塞入，然后锁紧止退螺钉

续表

序号	故障现象	故 障 原 因	排 除 方 法
3	加工面在接刀处不平	导轨直线度超差	调整或修刮导轨，公差 0.015/500mm
		工作台塞铁松动或塞铁弯曲太大	调整塞铁间隙，塞铁弯度在自然状态下小于 0.05mm/全长
		机床水平度差，使导轨发生弯曲	调整机床安装水平，保证平行度、垂直度在 0.02/1000 之内